JN160027

怪人熊楠、妖怪を語る

伊藤慎吾
飯倉義之
広川英一郎 著

miyaishoten
三弥井書店

怪人熊楠、妖怪を語る　もくじ

熊楠が聞いた妖怪出没地めぐり

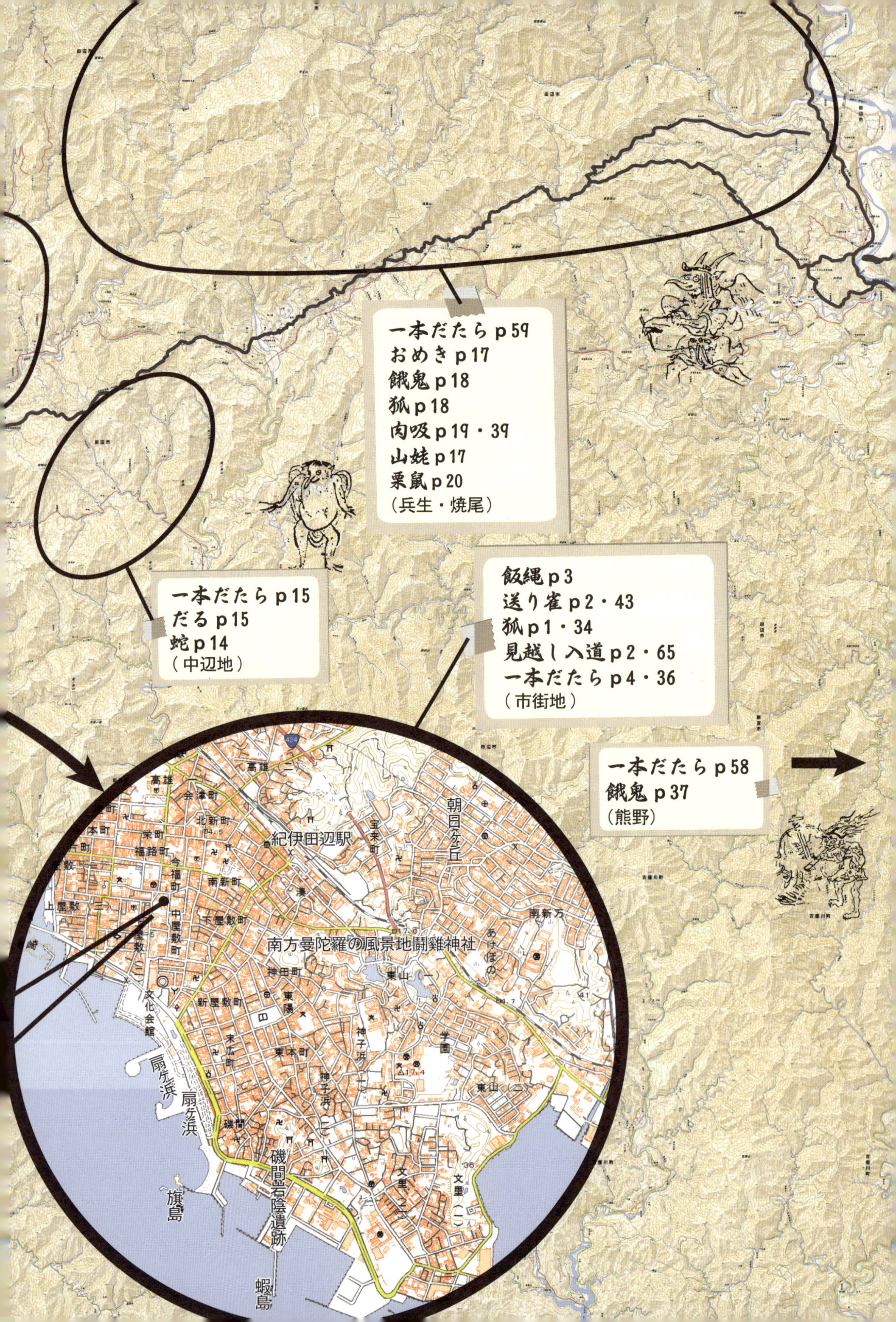

一本だたらｐ59
おめきｐ17
餓鬼ｐ18
狐ｐ18
肉吸ｐ19・39
山姥ｐ17
栗鼠ｐ20
（兵生・焼尾）
一本だたらｐ15
だるｐ15
蛇ｐ14
（中辺地）
飯縄ｐ3
送り雀ｐ2・43
狐ｐ1・34
見越し入道ｐ2・65
一本だたらｐ4・36
（市街地）
一本だたらｐ58
餓鬼 ｐ37
（熊野）
高雄
会津町
北新町
紀伊田辺駅
宝来町
朝日ケ丘
栄町
福路町
今福町
南新町
湊
南新万
下屋敷町
中屋敷町
南方曼陀羅の風景地闘雞神社
あけぼの
神田町
東山（一）
文化会館
新屋敷町
東陽
神子浜
学園
末広町
東本町
扇ヶ浜
東山
磯間
磯間岩陰遺跡
文里
旗島
蝦島

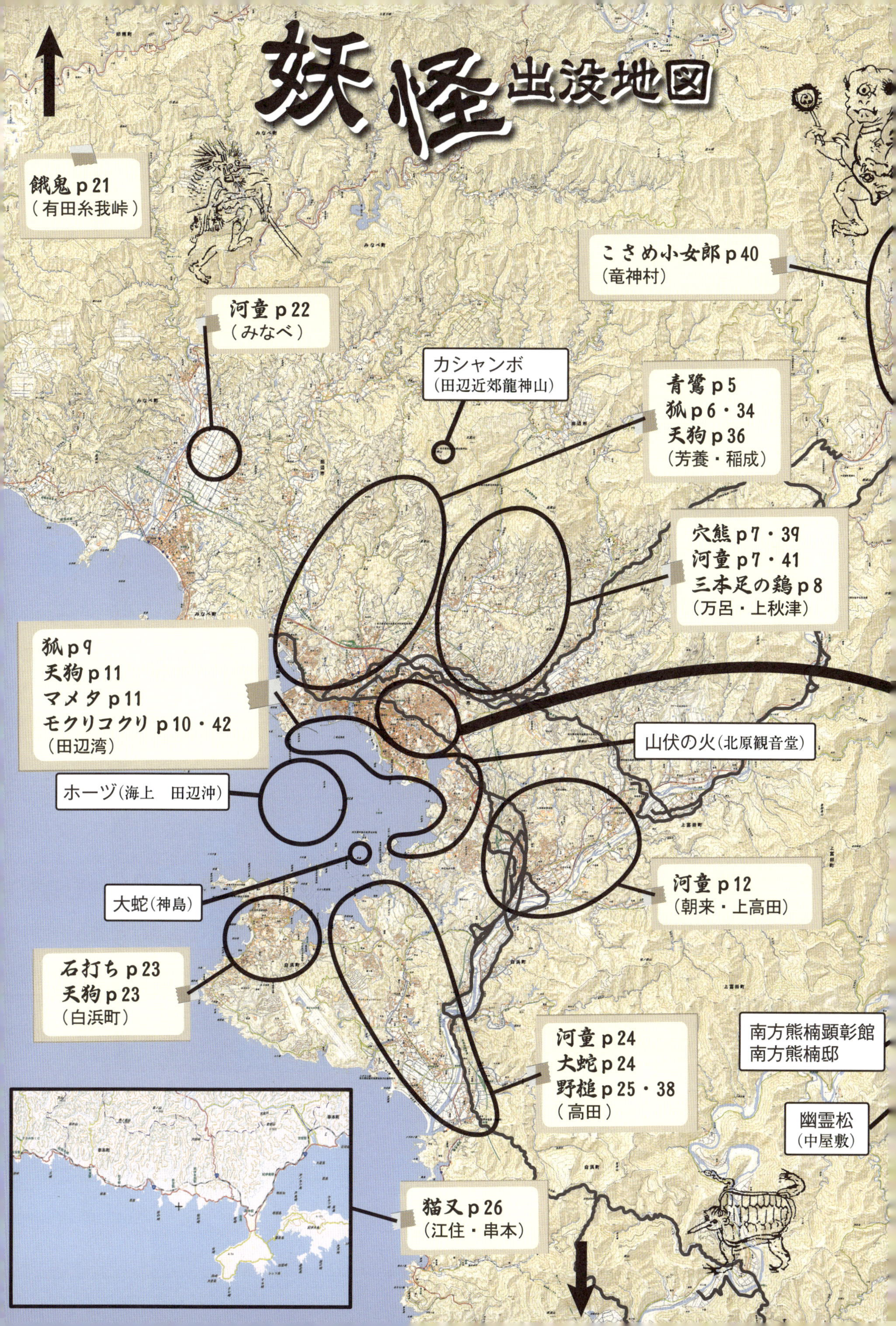

妖怪出没地図
餓鬼 p21
（有田糸我峠）
河童 p22
（みなべ）
こさめ小女郎 p40
（竜神村）
カシャンボ
（田辺近郊龍神山）
青鷺 p5
狐 p6・34
天狗 p36
（芳養・稲成）
穴熊 p7・39
河童 p7・41
三本足の鶏 p8
（万呂・上秋津）
狐 p9
天狗 p11
マメタ p11
モクリコクリ p10・42
（田辺湾）
山伏の火（北原観音堂）
ホーヅ（海上　田辺沖）
河童 p12
（朝来・上高田）
大蛇（神島）
石打ち p23
天狗 p23
（白浜町）
南方熊楠顕彰館
南方熊楠邸
河童 p24
大蛇 p24
野槌 p25・38
（高田）
幽霊松
（中屋敷）
猫又 p26
（江住・串本）

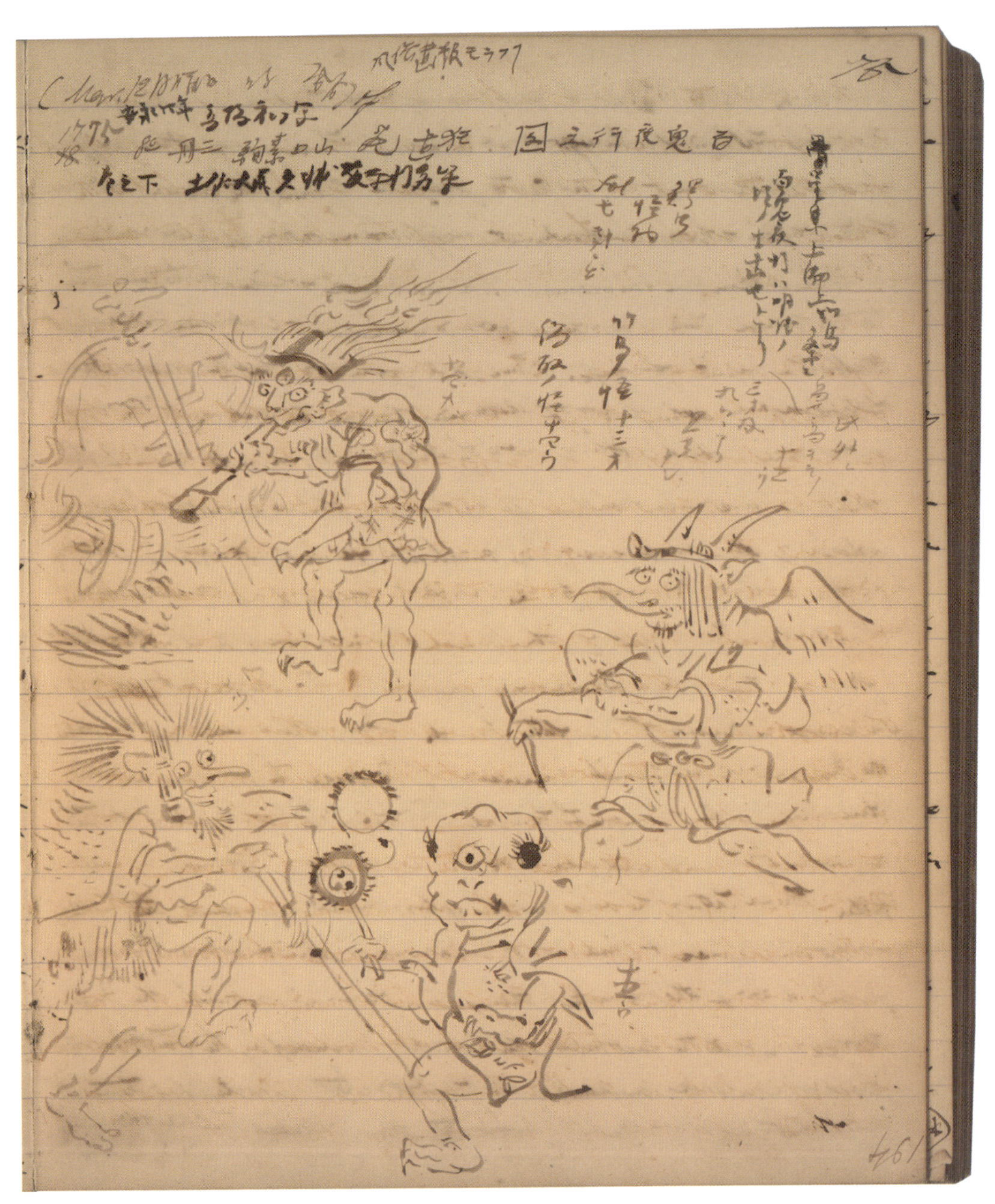

『ロンドン抜書』40 ［自筆　132］

市街地

狐　キツネ

南方邸から南へ徒歩一〇分ばかりのところに法輪寺という禅寺がある。天気雨の時に、その寺の縁の下を吹火筒で覗いてみると、狐の嫁入りの行列が見えるという。熊楠は「明治年間この寺へ豊川稲荷を勧請したに伴って起こった俗信だろうから、もと豊川本祠辺で行なわれた伝説が移ったのか」と推測する（「狐と雨」全集四）。熊楠が育った和歌山市では、天気雨の時、地面になかば埋まった瓦石を掘り出して、その裏側に唾を吐きかけてじっと視ていると狐の嫁入り行列が唾に映ると言われていたそうだ。

また、南方邸の近くに裕福な家があった。しかし、株相場で財産を失い、東京に逃げ去ってしまったそうだ。この人の父親はもともと貧乏だったが、シイタケの売買に成功して一代で成り上がった人だった。世間の噂では、この人は日ごろから狐を厚く信仰し、その信心ゆえに富を得たと言われた（「秤り目をごまかす狐魅」全集四）。その息子が没落したのはなぜだろうか。

豊川稲荷の鳥居

豊川稲荷の昭和初期　右側に建つのが法輪寺。

送り雀　オクリスズメ

送り雀は雀のように小さい鳥で、その鳴き声は雀と同じだという。熊楠の妻松枝がこの怪異に出逢ったことがあるという。暗い夜道を歩いている時に、もし怪があると、この雀が鳴きながら家まで送ってくれるそうだ。松枝はとても寂しいものだったと体験時の印象を熊楠に語っている（日記四-377）。

見越し入道　ミコシニュウドウ

見越し入道は田辺でもかつて目撃されていた（「柳田國男宛書簡（明治四四年一〇月九日）」全集八）。しかし、明治も末になると、地元の老人からかろうじて話に聞く程度の存在感になっていたようだ。また、高坊主という別名でも呼ばれていたそうだ（本書65ページ）。

法輪寺の縁の下　左側に建つのが豊川稲荷。手前に椅子が並べてある。

法輪寺の縁の下　今は板で閉ざされている。

飯縄　イヅナ

田辺の町には昔からいろいろな商人や芸能者などが出入りした。行商人に阿波屋の徳と名乗る者がいて、かつて熊楠の友人広畑岩吉宅に毎年やってきていた。この人の見せる手品が不思議なものだから、問い詰めたところ、飯縄を使っていたことが知れた。この人の話では、飯縄は狐と狸と鼬(いたち)のあいの子のようなもので、色は白く、猫ほどの大きさのとても美しい生き物なのだそうだ。いつも飯縄使いの懐にいて袖口から出入する。そのため、土足の汚れに困るという。また、饗応を受ける時には遠慮なくたくさん食べるので、膳の上の料理がどんどんなくなってしまう。人前でこれはみっともないから叱っても暴食の性質は直らない。そんな迷惑な動物だが、世間の情報をいろいろ集めて主人にささやいてくるという。それは一見便利なように思えるが、誰それがお前の悪口を言っていたから仕返ししてやれなどと、悪事をそそのかすことがある（「狐使いと飯縄使い」全集四）。飯縄使いと似たものに狐使いや犬神使いもいるが、いずれにしても取り扱い注意の動物妖怪だ。

田辺栄町商店街　今も繁華な駅前商店街として栄えているところ。『熊楠の居た頃の田辺　下』より

一本だたら　イッポンダタラ

一つ目、一本足の妖怪、イッポンダタラ、ヒトツダタラとも呼ばれる。熊野地方に広く見られるものだが、全国的には珍しい妖怪だ。熊楠の妻は田辺の闘鶏神社の出身である。かつて神官を務める父からイッポンダタラの怪異を聞いたことがあった。記憶が定かではないのだが、どこかに足の一本しかない鶏があった。その鶏はその不幸を嘆いて「片足高く、片足低く、竹の林に一人ぬ（寝）るぬる」と歌ったそうである。松枝は子供心にこの歌が恐く、鶏が歌うくだりになると、身の毛がよだったことは覚えているという（「六鵜保宛書簡（大正五年）」全集九）。

熊楠自身、この話は和歌山市に住んでいた子供の頃に聞いていた。大正三年（一九一四）に至って調べてみたものの、記憶が曖昧となり、また熊野の知人や古老に問い合わせても、話の全貌が分からない。少年時代から今に至る四〇年のうちに、以前、誰もが知っていたこの話が消えていってしまったと、柳田國男への手紙に記している（「柳田國男宛書簡（大正三年六月二日）」全集八）。断片的ながらも妖怪伝承を書き留め、残してくれた熊楠の功績は大きいだろう。

闘鶏神社　「権現さん」とも呼ばれ、熊楠も柳田國男に宛てた書簡に「田辺権現」と書くこともあった。妻松枝はここの神官の四女で、父から聞いたことを熊楠に語り伝えた。その断片を我々は熊楠の文章の随所に見出すことができる。

芳養（はや）・稲成（いなり）付近

青鷺　アオサギ

田辺市の中央、紀勢自動車道の北に位置する稲成町には、地名の由来にもなった伊作田稲荷神社が鎮座する。そこを岩城（いわき）山という。

明治の末頃、熊楠はその神の杜から、夏の夜の決まった時間に、光る物体が低空を飛んで、山を下ってくるのを何度も見た。熊楠一人だけでなく、一緒に納涼に来ていた人たちもこれを目撃した。その中に狩猟のベテランがいて、「あれはアオサギが田に餌を求め、下るんじゃ」と熊楠に語った。

熊楠の友人に画家川島草堂（友吉・一八八〇－一九四〇）がいる。大正二年（一九一三）一月、草堂が熊楠のもとに訪れ、アオサギを銃で撃ったと言う。話を聴くと、胸部に妙な脂のかたまりがあるとのことであった。熊楠はアオサギが光を放つということを古い文献を読んで知っていたから、発光の原因がこれだろうと見当を付けた。

アオサギが光ることについては、熊楠の家にやってくるウナギ売りの老人から聴いた話もある。その老人が若いころ、幽霊が飛んできて、綿畑に入っていくのを見たという。熊楠はこれをアオサギの見間違えだと判断したのだ。

青鷺　稲成の南を流れる会津川には青鷺を多く見かけることができる。

狐　キツネ

田辺市の南西、みなべ町に隣接する芳養に境という集落がある。大正二年（一九一三）当時、南方家には一八歳になる前川勝という下女がいた。熊楠は、その年の正月五日の晩、勝から地元の狐の話を聴いている。

境は人家が三〇戸ほど集まった集落で、そこの墓地は池のそばにある。境の人が死ぬたびに古狐が池の藻をかぶって袈裟として、いかにも徳の高そうな僧侶の姿に化けて池のほとりを歩いたという。

また、毎年一二月になると、「日がない、日がない」と鳴くそうだ。狐の鳴き声は一般に「こんこん」、古くは「かいかい」、併せて「こんかい（＝吼噦）」とすることもあるが、「日がない、日がない」は珍しい。これを師走狐(しわすぎつね)と呼んだ。師走狐とはその名の通り、一二月の狐をいい、古くは狂言「末広がり」や近世の諺集『譬喩尽(たとえづくし)』に見える。一五世紀後半に成立したお伽草子『筆結物語』は狸の一族の正月を描いた擬人物だが、その中に「この程は、師走狸(しはすだぬき)にて、目見(めみ)する人もおはせねば、万(よろづ)、心に案じてありつるなり」という文言が見える。この師走狸を、師走狐を洒落たものだとすれば、その頃には定着していた表現だろう。

また、勝の母が幼少時、夜分に祖母の部屋に明かりのための油を運ぶのに、この狐がいつ出るかと怖くて、たびたび油をこぼしては叱られたという。狐は油を舐めるのが好きなのだ。しかし、その狐たちも大正二年の頃にはすっかり見なくなったという。

なお、これらの話を語った勝は翌二月に南方家を辞した。

中芳養のハラダ池
村に死人が出ると、このほとりに僧に化けた狐が出る。

万呂（まろ）・上秋津（かみあきつ）付近

穴熊　アナグマ

アナグマは一般的にムジナとも呼ばれるが、当地ではメダヌキやツチカイ、ヌーボー（ノオボオとも）といった。熊楠は和歌山と奈良の県境近くにある吉野の安堵ヶ峰（安堵山）でその肉を味噌で煮込んで食べたことがある。とても美味かったそうだ。

アナグマは人に化け、中でも女に化けることが多いという。秋津出身の老人から熊楠が聴いた話である。若いころ、村の女と密会すべく約束の場所に行って待っていた。すると、やって来たのはその女に化けたアナグマだった。化けてもすぐに消え失せてしまうということが何度からあり、毎度迷惑な思いをしたそうだ。これを秋津ではセイと呼んだという。

河童　カシャンボ

カシャンボは熊野地方に多く目撃談が語られていた。一

般に河童とか河太郎とか呼ばれるものの一種である。

上秋津の南に万呂という地区がある。その南部を東から西に左会津川が流れている。

明治四〇年（一九〇七）五月、万呂で毎晩不審なことが起きていた。牛舎にカシャンボが現れて、牛の体中を舐めまわし、涎まみれにするというのだ。そのせいで牛は病んで苦しむことになった。村人はどうにか対処しようと、ある晩、灰を牛舎の周辺に撒いた。翌朝行って見ると、カシャンボの足跡が見付かった。その形は水掻きを持っていた。万呂の人たちは、ここからカシャンボの正体が水鳥の一種であると考えた。

熊楠は水鳥の中でもコッテイドリではないかと推測した。この鳥はサンカノゴイの別名だと思われる。熊楠によると、この鳥は川のそばで大声をあげて鳴くという。『図説 鳥名の由来辞典』によると、「鳴声がこってい（強い牡牛）に似ているから」この名が付いたといい、鳴き声に特徴がある。熊楠は明治一八年（一八八五）の夏に日光参詣の道中、埼玉県栗橋か幸手あたりの川の近くでその鳴き声と聞いたことがあるという。ただ、サンカノゴイは和歌山県下では珍しい鳥だ。しかもサギ科の鳥なので泳ぐことがなく、したがって明確な形をした水掻きを持っていない。異様な声を出す珍しい鳥だからこそ、カシャンボの正体だと疑ったのかもしれない。

三本足の鶏　サンボンアシノトリ

上秋津の東に衣笠山がある。ここはかつて城があった。正月三日の朝、ここで金の鶏が鳴くという伝承がある。一説に、豊臣秀吉が討征の際に千鳥の香炉と金の鶏を失った。それがこの地に埋もれていて、正月三日の朝になると、世に出たくて鳴くのだという。

この山は現在ミカン農園が広がっている。栽培に利用される細い道を登っていくと、途中から栽培に使われていない森に変わる。そして山頂に至ると、そこには平坦な野原が広がっている。かつてそこには山城があり、そこからは五キロあまり先に広がる田辺湾まで俯瞰することができる。

大正三年（一九一三）五月三一日午前中、熊楠は三本足の鶏の話を町田篤次郎から聴いた。町田は議員や役人の乱れに慨然と癇癪を起すことがたびたびあり、地元新聞紙『牟呂新報』に町田癇癪堂という号で筆誅を下すこともあった（『熊野紳士録』上、明治四三年）。同書によると、趣味は山川を跋渉し、狩猟をすることであったようだから、衣笠山の伝承も見聞していたのだろう。

田辺湾付近

狐　キツネ

ＪＲ田辺駅南側に湊はある。戦前は湊村と呼ばれていた。その南に神子浜(みこはま)がある。その神子浜に糸川恒太夫という老人が住んでいた。熊楠はこの人と懇意にしており、大正二年（一九一三）、次のような話を書き留めた。

ここに昔、金剛院という山伏が住んでいた。神子浜の家から庚申山という寺で催される山伏たちの寄合いに向かった。その途中、古狐が寝ているのを見付けた。いたずら心が沸いた金剛院は、そっと狐に近づいて、耳元で法螺貝を吹いて大きな音を出した。驚いた狐は飛び起きて走り去っていった。

神子浜の山

しばらくして落ち着きを取り戻した狐は闘鶏神社(とうけいじんじゃ)の近くの池に入って藻をかぶって金剛院に化けた。その姿は庚申山に向かう山伏たちに目撃されており、彼らはみな、狐が金剛院に化けて寄合いにやってくるつもりだと考えた。それならばと、先に行って打ち懲らしてやろうと走っていき、寺で待ち構えていた。するとそこへ金剛院がやってきたので、みなで囲んでボコボコにぶっ叩いてやった。これだけ叩いても化けの皮が剥がれないので、正真正銘の金剛院だと知れた。金剛院に事情を訊くと、先ほど寝ている古狐を法螺貝で驚かしたという。それで仕返しにこんな仕打ちを仕組んだのだった。

この話は当地に伝承されていた話だが、昔話として各地に伝わり、また近世の笑話集にも載っているものだ。一般に「山伏狐」と呼ばれている。熊楠はこの記事を「紀州俗伝」の一つとして記しており、当時はそうした認識を持っていなかったようだ。その後、大正一一年（一九二二）に伊達千広（一八〇二―一八七七）の歌文集『余身帰』に同じ話が記されているのを見出した。さらに昭和五年（一九三〇）になって柳田國男の『日本昔話集』が刊行されるに及び、熊楠の目にとまり、その中に類話を見出した。

なお、この地には、狐は硫黄を忌むという俗信がある。そこで化かされないために、附木やマッチを袂に入れておくとよいということを熊楠は「紀州俗伝」の一つとして書き留めている。

モクリコクリ

田辺湾小嶼　神津山からの眺望。

田辺のあたりでは、三月三日に山に入るとモクリコクリが出るといって、山では遊ばず、浜で遊んだ。また五月五日に海に入ると同様にモクリコクリが出るといって海には近づかずに山に行った。こうした風習が大正二年（一九一三）に近い頃まで続いていたそうだ。

モクリコクリとは異国から日本を攻めてきた魔物であるが、端午の節句の幟の威光で全滅した。その亡霊がとどまり、三月三日、上巳の節句、五月五日、端午の節句に彼らが現れるのだ。

当時、神子浜には麦畑があった。モクリコクリはそこに出没し、大きくなったり小さくなったり、また現れては消え、消えては現れた。人のかたちをしているという説もあるが、地元ではイタチのような動物で麦畑にいて、夜になると畑に入る人の尻を抜くのだという。熊楠はこれらの話を河童の伝承を混ざり合ったのではないかと考えた。

熊楠は雑誌『郷土研究』に投稿したが、当時の日記巻末の「田辺聞書断章」を見るに、ニュースソースの大半は妻松枝や下女とめではないかと思われる。

マメタ

小さな狸のことを豆狸というが、それを略してマメタとかマメダとか呼ぶ。古くは近世の『絵本百物語』にも描かれている（左図）。基本的に化け狸であり、人にも憑く。当地のマメタは植えてある豆を掘って食べる。熊楠はマメタの頭部を手に入れたことがあるというが、残念ながら現存しない。妖怪の一種として語られるが、熊楠はこれを動物の一種として確信しているようで、柳田國男に送った手紙（大正三年七月二〇日）には、マメタは偶然生まれた狸の変種であるが、これまで動物学者が変種として報告したものを見たことがないと書き記している。

天狗　テング

神子浜では強い風が吹く時、子供たちが「山の天狗さん、ちとちと風送れ」「山の天狗さん、ちとちと凪いらぬ」と唱えて走りまわるという。熊楠はこれを理由は知らないがと断って「紀州俗伝」の一つとして報告している。

朝来（あっそ）・上富田（かみとんだ）付近

河童　カッパ・カシャンボ・ゴウラ・ゴウライ

紀伊田辺駅から南に二駅目が朝来駅である。ここは上富田町の西端にあり、また町の中心でもある。これより東、富田川に沿った広域な山間部が町に含まれている。この町の中央を流れる川に河童の目撃情報が古くから聞かれ、熊楠は目撃者に接触もしている。

カシャンボは河童の異名であるが、熊楠はこれを「山童なり」とも記している（柳田國男宛書簡（大正二年九月一三日））。河童＝山童の事例の根拠となる伝承をこの地域で見出したのだ。

町の東、岩田地区は合併前に岩田村といったが、ここではゴウラが土用の丑の日から川に入り、玄猪の日（一〇月最初の亥の日）になると山に入るという伝承がある。ゴウラは山に入ると木を伐る音を出したり、異様な音を出して人を呼んだりするという。要するに木霊（こだま）の一種だと熊楠は考えた。このような妖怪は河童ではなく山童（やまわろ）と一般に呼ばれる。熊楠は朝来の北に位置する新庄では河童と山童の区別が付いていないという。
また、朝来出身の下女から聴いたところでは、コウホネ（スイレン科）という植物のことを、地元ではゴウライノハナと呼ぶという。ゴウライは河童の異名であるから、河童の花という意味だ。また、茄子を食べる時にその臍を取らないと、ゴウライに尻を抜かれるともいう。

コウホネ 『艸花絵前集』中巻（元禄12年［1699］刊行）掲載。「河骨　水艸也。是も花金色、葩あつく、しやんとして、つぼみは太皷の撥のやう也。四月に花咲。」国立国会図書館蔵。

朝来

田辺中辺路（なかへち）付近

清姫　『真那護庄司清姫之由来』（南方熊楠顕彰館所蔵）

蛇　ヘビ

田辺の駅前から熊野本宮行きのバスに乗ると、熊野古道沿いの真砂（まなご）という集落に清姫（きよひめ）というバス停がある。近くに清姫の墓が伝わり、またこの辺りに清姫の屋敷があった。父は真砂の長者と呼ばれるほどの人で、熊野順礼に向かう美僧安珍が泊まり、清姫と運命的な出逢いを果たした場所でもある。安珍・清姫の物語は道成寺の由来としてもよく知られたものであるが、遡れば平安時代の仏教説話集に至る。中世になって道成寺縁起として定着し、さらに絵巻としてばかりでなく、芸能として多くの人々の知るところとなった。中辺路の辺りには、真砂の庄司の屋敷跡や清姫の墓のほか、清姫が衣を掛けた松や安珍を待ったのぞき橋、蛇となった清姫が捻じ曲げた杉など、清姫にまつわる伝説が幾つも残っている。そうした中で、熊楠はちょっと珍しい伝承を書きとどめている。

熊野参詣の途次、真砂の屋敷に宿泊した安珍は出された食事の美味しさに舌鼓を打っていた。なぜこんなに美味しいのか不思議に思ったのかどうか知らないが、ふと食事の用意をする様子を覗いてみると、清姫がお椀を嘗めた上で飯を持っていた。行灯に映るその影は蛇の姿をしていた。これを見た安珍は恐れて逃げ出したのだった。

一本だたら　イッポンダタラ・ヒトツダタラ

清姫から二〇分あまりバスに乗って北上すると、滝尻がある。このままバスに乗って行けば熊野本宮に行くのだが、ここで下車して右手に流れる富田川を渡ると大内川、平瀬といった集落に至る道が続く。二、三時間の歩行に慣れていない人は自動車の用意が必要だ。

さて、和歌山県に特徴的な妖怪に一本だたらというものがいる。近世後期の地誌『紀伊続風土記』にすでにその名は見え、熊楠もいろいろ考証している。熊楠はこれを一本足の鬼と捉え、たたらではなく「大太郎」の転訛と考え、ダイダラボッチとの関係に言及した。

この妖怪について色々な伝承を聞いてまわるうちに、大内川に伝わる俗信を聞き得た。三本足の鶏と椿の木で作られた槌はどちらも怪異をなすので、今でも椿で木槌を作ることはしないという。これは大正五年（一九一六）頃のことだ。

私も昨年（二〇一八）当地を歩き、地元の人々に一本だたらのことを訊ねてみたが、すでに忘れ去られていた。ただ、椿は花が落ちる様が、首が落ちるようにみえるから、庭に植えることを嫌う人もいるという話を聴いた。もっとも庭先に綺麗な赤い花を咲かせている家があったから、あまりアテにならない。

だる

人間に取り憑いて歩行を困難にさせる妖怪をヒダルガミ、ダル、ガキなどという。日本各地に生息し、熊楠もこれに関心を持っていた。中辺路にいるダルについて、熊楠自身は文章に記すことはなかったが、娘の文枝が思い出話の中で、当地で人に憑いたダルについて次のように語っている（『父熊楠を語る』）。

南方家の隣に住む山林持ちの家の人の弟らと熊楠が熊野本宮に行くことになった。その途中、中辺路のほうで植物の採集をした時に、その弟にダルに憑いた。歩けなくなって困っていると、熊楠が山の下のほうに握り飯を放った。すると、弟は再び歩けるようになったという。ダルがその辺におり、それに握り飯をあげたのだった。

ヒトツダタラの誕生要因となる椿　中辺路町大内川にて

書簡の中で柳田國男に興味深く説明しているものの一つに妖怪ヒトツダタラ（一本だたら）がある。これは椿の木で作った槌が原因で出現するものだ。それゆえに、この地では椿で槌は作ってはいけないという俗信があるという。上述の4月22日の書簡でも「「一本ダタラ」、形を見ず、一尺ばかり径の大なる足跡を遠距離に一足ずつ雪中に印す。ダタラは、例の大太郎（『宇治拾遺』に、大太郎といえる盗賊のこと出でたり。『東洋学会雑誌』、例の拙文「ダイダラホウシ」の条に出づ）なるべきか」と記している。しかし、残念ながら、現在ではこの伝承は途絶えてしまったらしい。ただし、椿は首が落ちるように花が落ちるから、縁起が悪く、庭には植えないという話をする人もいた。熊楠が大正5年に六鵜保に宛てた書簡の中で「ツバキの花は美なれど、頸から落ちるゆえ忌むことも田辺にて申し伝え候。」と記している（全集10）。もっとも、写真のように、庭に植える家も散見される。

田辺兵生（ひょうぜい）・焼尾（やけお）付近

おめき

兵生には熊楠が和歌山第一の難所と認める安堵山（あんどさん）がある。昔、後醍醐天皇の皇子護良（もりよし）親王が山中に落ち延びて、ここまで来たら安堵できると思うほどの深山なので、安堵山という名が付いたという。

安堵山のあたりにオメキと呼ばれる一本足の大入道がいる。熊楠は明治四四年（一九一一）四月二二日にこれについて柳田國男に報告している。

それによると、当時九〇歳くらいになる老人が明治の初めの頃、吉野の大台ヶ原山（おおだいがはらやま）に材木を伐りに行った。その時、勘八という猟師の兄が鹿笛で鹿を集めていると、大筒と呼ばれる蛇が背後の絶壁から這い寄ってきて食い殺されてしまった。以来、勘八は仇討のために三年間通った。すると、オメキがやってきて「勘八」とその名を呼びかけてきた。勘八は逃げることはかなわぬと観念し、オメキと喚き合いをすることにした。どちらが先に喚くかで口論をしているうちに、勘八は鉄砲をオメキの耳に向けて撃った。するとオメキは「お前の声は大きいなあ」と感心して消え失せた。

またある晩、岩場で野宿をして粥（かゆ）を煮ていると、岩の上からオメキが現れ、盥（たらい）ほど大きな足が見えたので、すかさず額に鉄砲を撃つと消えてしまったという。

山姥　ヤマンバ

兵生で熊楠が聞いた話の一つに、安堵山での山姥目撃談がある。

ここの山小屋で、男が一人でいるところに老婆がやってきて「米三升炊け」と言った。男は言われるままに米を炊いていると、熊

野の行者が入ってきた。すると、老婆は行者を恐れて出て行ってしまった。そのあと行者はこの男を安全な場所まで先導した。行者の話では、先の老婆は山姥で、米を炊かせた上で男をおかずに食べようとしていたのだという。行者は「我は熊野権現、汝を助くるなり」と告げて去っていった。熊野権現の霊験譚の一つとして伝承されていたものだろう。

餓鬼　ガキ

山道を歩く人に取り憑く妖怪にガキとかヒダルガミと呼ばれるものがいる。安堵山のあたりでは、メクラグモのこともガキと呼ぶ。熊楠はこのことを大正一五年（一九二六）に書いている。メクラグモとは今日、ザトウムシと呼ばれる糸のように細くて長い足を持つ蜘蛛の一種である。学名Opiliones。他地域ではユウレイグモやアシナガグモなどとも呼ばれる。ガキという呼称が「餓鬼」を意味するものか、同じ田辺在住の熊楠でさえ知らないというところからすると、かなり局地的なものだったのかもしれない。

狐　キツネ

安堵山のあたりの俗信に、槐（えんじゅ）の木で作った箸を使えば狐に化かされることはないという。また、憑いた狐を落とすこともできるということだ。槐は中国原産で東アジアに分布するマメ科の落葉樹である。日本でも古代から知られており、熊楠の好んで取り上げる『今昔物語集』にも震旦（中国）部の第七巻二六話「震旦ノ魏洲ノ史、雀ノ産武、前生ヲ知リテ法花ヲ持セル語（こと）」という説話の中に「産武、寄リテ、庭ノ前ニ有ル槐（エンズ）ヲ指シテ云ハク」とあって、産武が生れた時に自ら切った髪を槐の木の穴に入れておいたという話がある。熊楠はこの木について『淵鑑類函』や『本草綱目』といった中国の類書や本草書を引用しつつ、老木になると火を生じ、丹を生じる霊木であることを示し、その上で安堵山の槐製の箸について言及している。狐に化かされず、取り憑いた狐を落とす力がその箸にはあるというわけだ。

肉吸　ニクスイ

当地にはオメキと並んで特殊な妖怪がいる。大正七年（一九一八）に熊楠が書いた「紀州俗伝」によると次のようなものである。

この年、六七歳になる老人前田安右衛門は、以前、十津川で郵便脚夫を勤めていた。この人の話であるが、昔、焼尾の源蔵という名の知れた狩人がいた。源蔵が果無山（はてなしやま）に行くと、狼がやってきて袖に咬みついてきた。その時、一八、九の美しい女が微笑みながらやってきて、源蔵に火を貸してくれという。妙なことに思った源蔵はこの女を妖怪に違いないと思い、南無阿弥陀仏の名号を彫った弾丸で撃ってやろうとしたところ、何ごともなく去っていった。不審に思っていると、狼が再び袖を咬んで、行っていいという様子をみせた。

しばらくして、二丈（約六m）ほどの大きな怪物が現れ、今度は名号を彫った弾丸を撃ち込むと、大きな音を立てて倒れた。近づいてみると、その巨体はなく、白骨ばかり残っていたという。

この前田老人はもう一つ、龍神村ではなくもっと東の山奥にある北山の葛川郵便局に勤めていた時の目撃談も語っている。同僚が夜間に十津川村と北山村の中間あたりにある笠捨山の峠まで歩いて行った時のこと、やはり後ろから一八、九になる若い女が微笑みながら近づいてきた。彼は火縄を持っていたので、それを振り回して女に打ち付けた。すると女は引き返していった。そんな恐ろしい体験をした脚夫は怖くなって郵便局を辞めようとしたので、給料を上げて、なおかつ拳銃を携帯させることで仕事を続けさせたそうだ。

二つの話を聞いた熊楠は、この妖怪を肉吸だと判断した。肉吸は人に触るとたちまちに肉を吸い取ってしまう能力を持っているのだ。博識の熊楠も類例を知らず、「すこぶる奇抜なもの」と評している。

栗鼠　リス

大正三年（一九一四）に書いた「紀州俗伝」の中に兵生で聞いた栗鼠の話が載っている。栗鼠は魔物で、一匹殺すと、あたり一帯にたくさんの栗鼠が現れるのだという。安堵山付近では「栗鼠は獣中の山伏で魔法を知る」という（「蛇に関する民俗と伝説」）。木の上に座って手を合わせている様子を、笈（おい）を背負って拝む山伏の姿に似ているところから、そう考えられたのだという。また柳田國男に宛てた書簡の中で、栗鼠は山伏が変身したもので、魔法の能力があり、さらに打ち叩こうすると、栗鼠は分身して四面八方がいっぱいになるという伝承に触れている（明治四四年四月二二日付書簡）。

田中芳男『動物訓蒙』初編（明治8年［1875］）に「長毛アリ、常ニ背ニ負テ頂上ニ戴ク」とある。その姿が笈を背負った山伏に結び付いた。

有田糸我（いとが）峠・みなべ

餓鬼　ガキ

『本朝俗諺志』紀州雲取の穴

田辺から北の有田に向かうには山を越えなくてはならない。その途次に糸我峠があるのだが、昔からこの峠を越えようとする人たちに餓鬼が取り憑くことがあった。

昭和の初年には人力車や自動車が通れるように岩を削り、山を穿ち、ずいぶんと通行の便が良くなった。熊楠は一八、九の頃までよくこの道を通ったそうである。その当時の峠道はそんなものではなかったという。炎天下、この峠を越えると、樹木が少なく、飲み水もなく、食べ物も粗末なものばかり。その上、道が曲がりくねっているので、疲れ具合が尋常でない。特に真夏の上り坂の疲労は甚だしく、たしかに餓鬼に憑いてもおかしくない難所であった。実家のある和歌山の街から出発し、藤白の蕪（かぶ）坂、日高町と広川町の間の鹿ヶ瀬（しかがせ）峠を越えた疲れの溜まった足で糸我峠を上ろうとすれば、餓鬼に憑かれることも想像に難くないと熊楠は考えたのだ。

私も、先年の夏、この峠を上った。スコールのような大雨の直後の昼下がりで、蒸し風呂の中を登山した結果、餓鬼に憑かれそうになった。しかし、前日に田辺の古老から頂戴したバナナを食べたら、再び歩けるようになった。

熊楠は餓鬼の正体を急発の脳貧血だと考えた。自身、熊野の山中で十分に食料が得られない上、過労で茫然となり、手足も自由に動かず、ついには歩けなくなって倒れたことがある。この症状が、餓鬼が憑くということなのだという。そして憑かれない

晩稲

ためには米などのデンプン質のものや、香の物を持参して食べるのが良いという。私がバナナを食べたのは、奇しくも熊楠の教えに従った行為であった。

河童　カシャンボ

みなべ駅を下車し、内陸のほうに歩いていくと、晩稲（おしね）という地区がある。熊楠はカシャンボの話を各地で聞いているが、ここでも古老に語ってもらっている。それによると、カシャンボは、夏は川に住み、冬は森にあって人を化かすのだそうだ。

老人がここ晩稲で目撃したカシャンボは、林の下にたたずむ子どもの姿であった。七、八歳の可愛い男の子で、着物は青い碁盤縞（ごばんじま）の柄をしていた。不思議なことに、遠くから見ていたのに、縞柄が鮮明に分かったという。

晩稲のあたりは住宅が増え、用水路はコンクリートで覆われている。地元の人にカシャンボについて少し訊いてみたが、知る人はいなかった。

白浜町

石打ち　イシウチ

熊楠存命中からすでに海水浴や温泉で賑わっていた白浜にも妖怪伝承があり、熊楠もいくつか採集している。

大正元年（一九一二）、毎日、石が飛び込んでくる家があった。怪異の原因が分からず、多くの人が集まって、百万遍念仏を唱えることにした。しかし、その間にもまた石が飛び込んできた。熊楠の知人がこっそり障子の穴から覗いてみると、その家の子守りの少女が犯人だと知れた。事情を訊くと、少女が実行犯だが、石打ちを唆した人物がおり、それが隣の家の妻であった。かくして二人を田辺町警察署に引っ張っていったという。

江戸時代の「池袋の女」と同じ怪奇現象であり、熊楠もこの出来事を大正二年の「池袋の石打ち」というエッセイで紹介している。騒鬼（ポルターガイスト）の例をいくつか示した文だが、その中でこれは騒鬼に擬した一種の偽怪と捉えているようだ。

天狗　テング

近所の銭湯は熊楠が様々な話を仕入れる場所の一つであった。明治四二年（一九〇九）に聞いた話の中に天狗に関するものがある。それは天狗が湯治に行くということであるが、このあたりでは、白浜町の湯崎（ゆざき）にある崎の湯に湯治に行ったことがあるということだ。

崎の湯は今日でもよく知られた温泉で、リウマチ性疾患や更年期障害に効能があるといわれる。天狗の湯治についてはすでに『今昔物語集』にも記されており、智羅永寿という中国の大天狗が日本にやってきて高僧や護法童子らに懲らしめられ、湯治で体を癒したという。

「紀州西牟婁郡瀬戸鉛山温泉図」（部分）大正期
『南紀白浜温泉』（あおい書店）付録

富田付近

河童　カッパ・カシャンボ

白浜町の内陸に位置する富田でも、かつてはカシャンボが多く目撃された。富田川沿いにある伊勢谷というところでカシャンボがいたことがある。熊楠の知人に岩吉という人がいたが、その亡父の体験談を明治四四年（一九一一）に柳田國男に書き伝えている。岩吉父は荷を背負った馬を曳いて木を伐りに行った。一仕事終えて馬を繋いだ場所に戻ると、馬が消え失せていた。あちこち探しまわり、ようやく見つけた時には、馬は横たわり、疲労困憊していた。そこで村内の大日堂に行って護摩の符をもらい、馬具に結び付けたら回復したという。

厩に連れて行ったら、馬が震え出して苦しむことがあった。このように、カシャンボは人には見えないが、馬の目にははっきりと見えるそうだ。

また、岩吉の家に来ていた丸三という男が熊楠に語ってくれた話がある。丸三の友人が富田坂に至ると、樹上に小さな子どもがいた。これは危ないと思い、峠の茶屋の主人に言うと、最近、こんなことがよくあるのだ。あれはカシャンボが人を驚かせて面白がっているのだと言う。岩吉父が護符をもらいに行った大日堂は加勝寺という寺で、今日は無住となっている。小高い山の上の趣き深い寺である（本書31ページ図参照）。

大蛇　ダイジャ

白浜駅から北にしばらく歩いていくと、大きな池がある。明治時代の神社合祀前には池の端に弁才天の祠があった。

昔、大蛇がこの池にやって来て、草刈りをしている男に、この池に主はいるのか問うた。男は、主はいないが、この大蛇が主とな

峠の茶屋跡

カシャンボが樹上から見おろす富田坂の森

るのもいやなので、機転を効かせて手にもっていた鎌をこっそり池に投げ込んだ。そして「あれが主だ」と答えた。すると、蛇はそこから逃げ去っていった。蛇は鉄を忌むのである。このことがあって、鎌を祠に祀ることにしたという。

この池には正式な名称がないようで、地図には名称が記されていない。白浜駅の南に比較的大きな池があり、やはり特定の名を持たない。私は初めて訪れた時、この池のことかと見当を付けて行き、地元の人に訊ねたら、ここは通称三ツ池だと教えられた。大池と呼ばれるのは駅の北にある池だということで、車で連れていってもらった。大池の主の話は聞くことができなかったが、自然の形状をとどめた美しい池である。弁才天の祠は、今はないが、厳島神社の新しい祠が建っている。

野槌　ノーヅツ

熊楠も指摘しているが、野槌は鎌倉時代の仏教説話集『沙石集』に出てくる。富田近辺で聞かれるノーヅツ、ノヅツなどと呼ばれるものを熊楠は野槌だと考えた。堅田のあたりの山間には洞穴が多く、そこには貝の化石が多く見つかる。

土地の伝承では、昔、ノーヅツがここに棲みついていた。その大きさは二メートル近くあり、太さも三〇センチくらいに及んだ。形は頭部と胴体がそれぞれ直角をなして槌のように繋がっている。洞を歩いていると、急に上から落ちてきて咬みついてくるので、とても恐ろしい。

野槌の目撃された谷の近辺

江住(えすみ)・串本

猫又　ネコマタ

周参見(すさみ)・江住は紀州の南端に位置する漁業の盛んな町である。ここに極めて珍しい猫又の伝承があり、熊楠は大正二年（一九一三）にこれを記録している。

大正元年の夏、江住の「荒指(あらし)」というところにいた時のことである。強い風が南から吹いていたが、それが西に変わった。この時、一四、五歳の男子が海に入っていたが、海中でふくらはぎのあたりに骨が見えるくらいに皮が裂けてしまった。しかしなぜか血は出ない。ともかくこのままではいけないので、他の子が背負って家に連れ帰った。

地元の人の話では、このようなことはしばしばあるそうだ。これを猫又という。前年の明治四四年にも同様の裂傷を得ることがあった。熊楠の考えでは、それはカマイタチのように空気の作用ではないかということである。あるいは、このあたりの人は筋肉が弱く、力を入れると裂けることがあるのではないかと人に訊いてみると、かの土地には象皮病が多いとのことだった。

海中に現れる猫又というのは余所では聞かない話である。熊楠はこれをカマイタチと類似するものと判断した。ともかく海の猫又というのが不思議でならないので、私は実際に行ってみることにした。すると、昭和五年（一九三〇）生まれの地元の人から、カマイタチのような切り傷ができると「猫又にやられた」と言ったということを教えられた。さらに漁師から、海の中で痛くもなく、血も出ないのに切り傷ができることがあるということも聞いた。このような水中での裂傷の記述は余所にもあり、また近世の記録にも見えるから、一般的なものだろう。それをカマイタチではなく、猫又の仕業とするわけだが、おそらくそれは水中でも陸上でも同じだったろうと思われる。

ところで大正元年の少年の事故は江住村安指という集落の海で起きたということだが、その「安指」に熊楠は「アラシ」と振り仮名を付けている。しかし、江住村に「アラシ」という地名はない。地元でしか通用しない通称でもあるかと思い、聞いてまわったが、やはりない。で、先の老人に問うてみると、アラシはないが和深（わぶか）にアダシというところがあると言う。当地の音韻上の特徴として、ラをダと発音することがある。一人称の「オラ」を「オダ」ということがあるとのことなので、なるほどと思った。大正一三年に刊行された宇井縫蔵『紀州魚譜』では、コバンザメを周参見では「ヤスラ」、和深・串本では「ヤスダ」と呼ぶというがこれも同じ現象だ。それで軽トラックで現地に乗せて行ってもらうことにした。そこで老人とは別れ、一人で散策することにした。すると近くにバス停があり、そこに「安指　Azashi」と記されていた。地元の人はアダシというが、行政的にはアザシが正式らしい。ともあれ、熊楠が安指の所在を江住と記したのは誤りで、隣の和深（現・串本町）が正しいといって良さそうである。

私は海の猫又に出会えまいかと三〇分ほど海に入っていた。残念ながら猫又には出会えなかったが、海に入ってみて一つ気づいたことがある。ここは浜辺ではなく海底は鋭利な凹凸のある岩場で素足では歩くのが困難なほどだ。これでは知らずに切り傷ができることもあるのではないかと思った。

（文・伊藤慎吾）

＊本書に掲載されている画像のうち、所蔵者について特記されていない資料・文献はすべて南方熊楠顕彰館の所蔵品である。［　］は当館目録番号を示す。

妖怪を科学し、東西を比較する眼差し

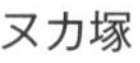
ヌカ塚

朝来・上富田付近　　市守長者塔

朝来駅の北部、街道沿いに小高い塚がある。ここをヌカ塚と通称する。次ページに掲げた『牟婁口碑集』の18ページにはここで行われる祭礼行事が記されている。本書にはイチモリ長者の勧請した弁才天の祠があったが、明治42年の神社合祀の一環として櫟原神社に移された。この地はかつて沼田が広がっており、近くにある大沼という地名はその名残りであろう。現在は埋め立てられ、また整備された水田や新川という川に変わっている。

熊楠の朝は遅い。

家族や奉公人が朝餉を作り、子どもが学校の支度をする。そんな忙しい時、熊楠はまだ眠っている。

彼の日記をみると、「徹暁不眠」という言葉が頻りに使われていることに気付く。毎日のように夜更かしして朝を迎えているのだ。徹夜してまでも行っていた仕事というのは、採集した粘菌の標本作りであったり、植物の観察記録であったり、書籍の書写であったり、論考の執筆であったりと、その時々によって様々だ。

山野を歩いては植物を採集し、銭湯や床屋に行っては妖怪伝承を採集し、家に籠っては和漢洋の書物を読み、また原稿を書く。このような熊楠を、ある人は博物学者と呼び、ある人は怪人、もとい、天才と呼ぶ。

その幅広い関心が、そのまま節操なき研究活動となり、その幾ばくかが文章となって残った。

残すといっても、著述として公刊されたものはまだ良い。個人的な手紙であり、メモ魔である熊楠は、誰彼かまわず長文の手紙を遣わして、人文／自然、古今東西のありとあらゆ

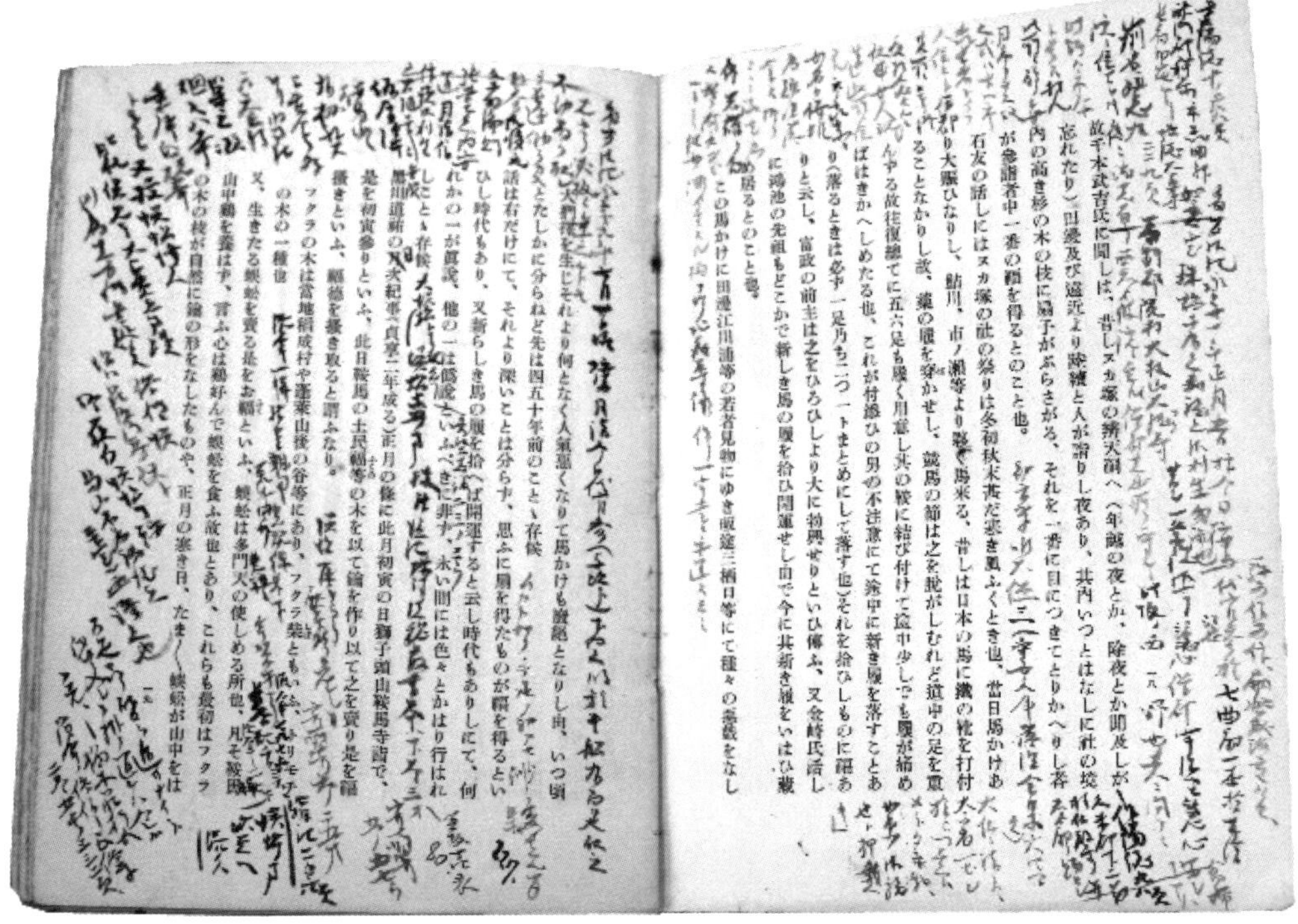

雑賀貞次郎『牟婁口碑集』(昭和2年〈1927〉)　南方熊楠顕彰館所蔵［和　212.45］

熊楠によって余白に余すところなく書き入れられた文庫本サイズの本。著者の雑賀貞次郎は熊楠の高弟で、紀州の民俗について深い造詣があった。熊楠は本書にたくさんの書入れをして、ゆくゆくは増補版を出版する計画をもっていた〔広川英一郎「雑賀貞次郎『牟婁口碑集』を読む」『昔話伝説研究』27〕。残念ながら、それは実現しなかったが、書入れを分析していくことで、新たな知見を得られるに違いない。上図の書入れは『雲陽誌』『看聞日記』『山州名跡志』『作陽誌』『初音草大鑑』『捜神後記』『神皇雑用先規録』『民俗学』2巻5号他、和漢の諸書からの抜書である。

る文献や見聞を書き留め、持論を開陳した。手紙ならまだ良い。日記の余白、抜書帳、本の欄外や挿入した紙片など色々なところに豊富な情報の一部を書き散らしたのである。

　手紙については今日広範囲に亘って収集され、多くは公表されている。抜書帳も全容が掴めるくらいには調査研究が進んだ。しかし、メモ書きのたぐいはまだまだ調査され、整理される段階に至っていない。

　熊楠の妖怪研究についてもまだ全貌が明らかになっていないが、本書では蔵書や抜書帳の随所から見出されたメモの類を活用しながら紹介していく。珍しい資料を色々使っているので、その点にも注意して御覧いただきたい。

　熊楠は、鮫の歯の化石を天狗の爪の正体と考証し、実体験からヒダル神と疲労の関係を考え、またの生物としてのモクリコクリの存在を推測するなど、妖怪や怪異現象を実地の調査や自然観察に基づく科学的な見地から理解していこうとした。

　一方で、仏典・漢籍、さらには欧米の古文

献や民族誌など外国の記録を読み漁っては、河童や狐火、平家蟹などの類似例を見出していた。こんなに面白い研究をしていたのに見過ごされてきているのは何とも惜しいことではないか。

大日堂　岩吉の父がカシャンボが除けの護符をもらったお堂。今は無住となっている。

本書では、まず熊楠が歩いて回り、見聞きした妖怪たちが生息していたであろう紀州の風土や熊楠の妖怪資料をカラー写真で紹介した。ついで「熊野と紀州の妖怪」では、当該地域の妖怪と出現場所を取り上げる。また「熊楠の妖怪研究」では熊楠の妖怪研究の大枠や展開について取り上げ、「自然科学する眼」では熊楠の真骨頂である科学的見地からの妖怪研究について取り上げる。最後に付録として、熊楠の著述等に見える妖怪語彙を整理して、調べやすいように編集した。

異類異形への関心を深めるきっかけとなった『山の神草紙絵巻』、本格的な研究を始めることになった柳田國男宛の私信、銭湯などで地元の人々から聴いた怪談の記録、珍品「雄鶏が生んだ卵」などを紹介する。本書をきっかけに、熊楠の妖怪学に触れてみてはいかがだろう。

二〇一九年　伊藤慎吾しるす

熊楠と紀南の妖怪

広川英一郎

1　南方熊楠の聞き書き

明治三〇年、紀伊半島を点々とした南方熊楠は後半生を過ごすことになる運命の地、田辺にたどり着いた。妻を迎え、子供をもうけた熊楠が熱心に取り組み始めたのは、黎明期にあった民俗学だった。当時、まだ新しい学問であった民俗学は、人の暮らしそのものを科学するものである。畿内の大都市から遠く隔たり、紀南の豊かな自然にかこまれながらも、県下第二位の人口を抱える田辺の街は、日本人の旧い暮らしが息づく絶好のフィールドであった。ロンドンで世界最先端の学問に触れてきた熊楠は、田辺で出会う人々の目や、耳や、口を借りて、そこに広がっている未知なる世界をのぞきこんでいった。本章は、熊楠がその筆であばいた熊野の妖怪たちを紹介するのが目的である。

「履歴書」などに書かれている通り、熊楠はごく身近な街中で「聞き書き」を行っていた。日記の巻末に書き留められたメモには、妻である松枝からの聞き書きが多い。内容は方言、童歌、風習、まじないごと、など実に多様である。日記を見ると日付が変わる間際の銭湯に毎日のように足を運び、決まった名前の人物と会話しているが、その内容をこの「聞き書きノート」からうかがい知ることができる。

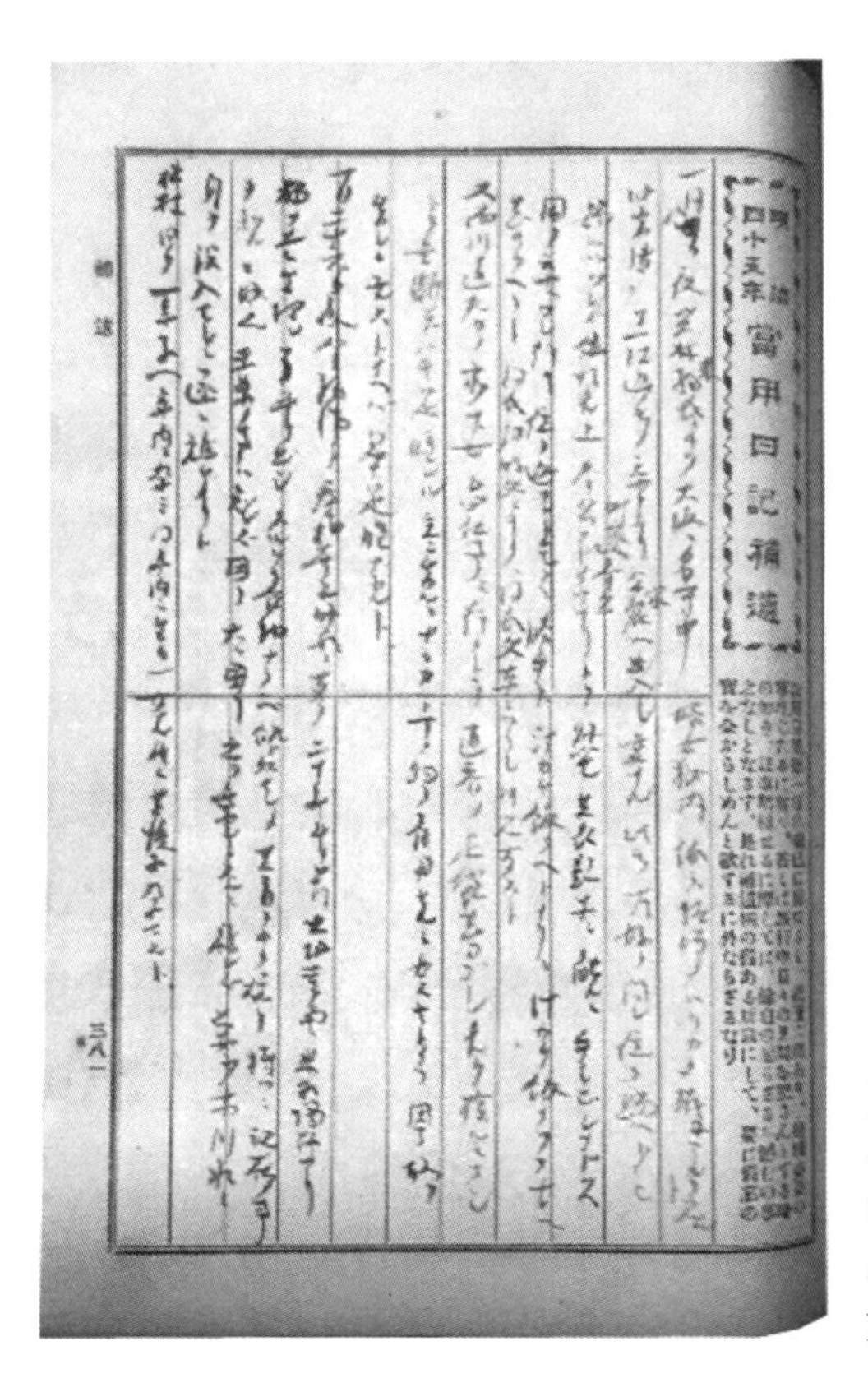

日記帳（明治45年）の聞き書きノート

中瀬喜陽により「田辺聞書断章」としてまとめられている。（『南方熊楠日記』4巻）

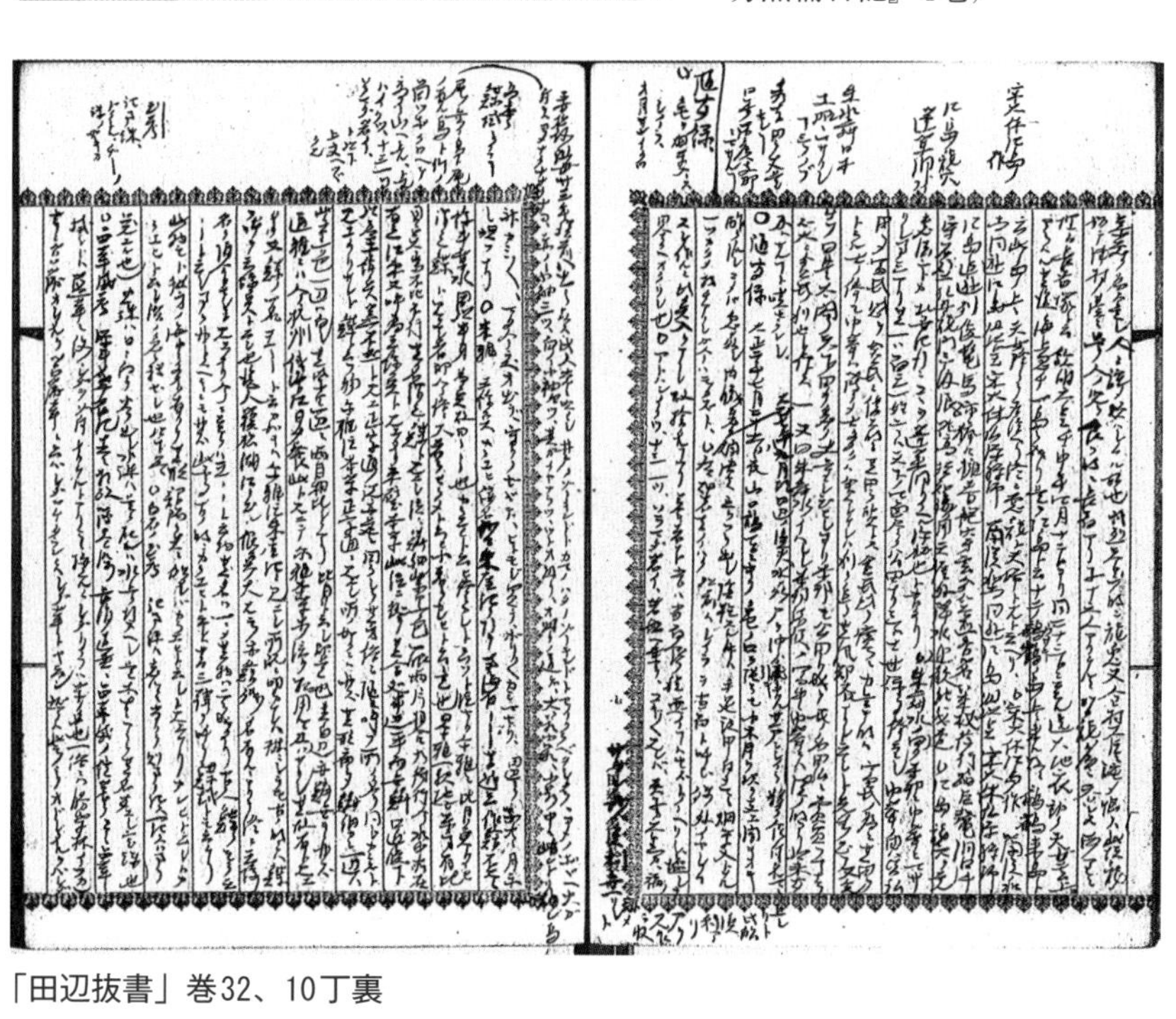

「田辺抜書」巻32、10丁裏

「田辺抜書」の聞き書きノート。大正2年7月25日から11月5日までの聞き書き。「随聞録」という見出しが見える。

キツネ

狐はお稲荷さんの使いとして、またお稲荷さんそのものとして今なお良く知られた霊獣だろう。一方、人を化かす悪い動物として、動物妖怪の中で最も馴染み深いものといえるだろう。古代から信仰や生活文化に深く関わってきた。熊楠が生きていた時代でもそれは変わらず、近所の法輪寺に豊川稲荷が勧請されたのは明治期のことであった。かつて熊楠の家の向かいに住んでいた人が狐を信仰して成り上がったと噂されていたそうだ（「秤り目をごまかく狐魅」昭和五年）。また身近に狐に化かされた話も聞けた。しかし大正二年当時、『旅と伝説』に投稿した「紀州俗伝」に「今は則ち狐も無く成った」とも述べているから、徐々に狐が姿を現さなくなったようである。

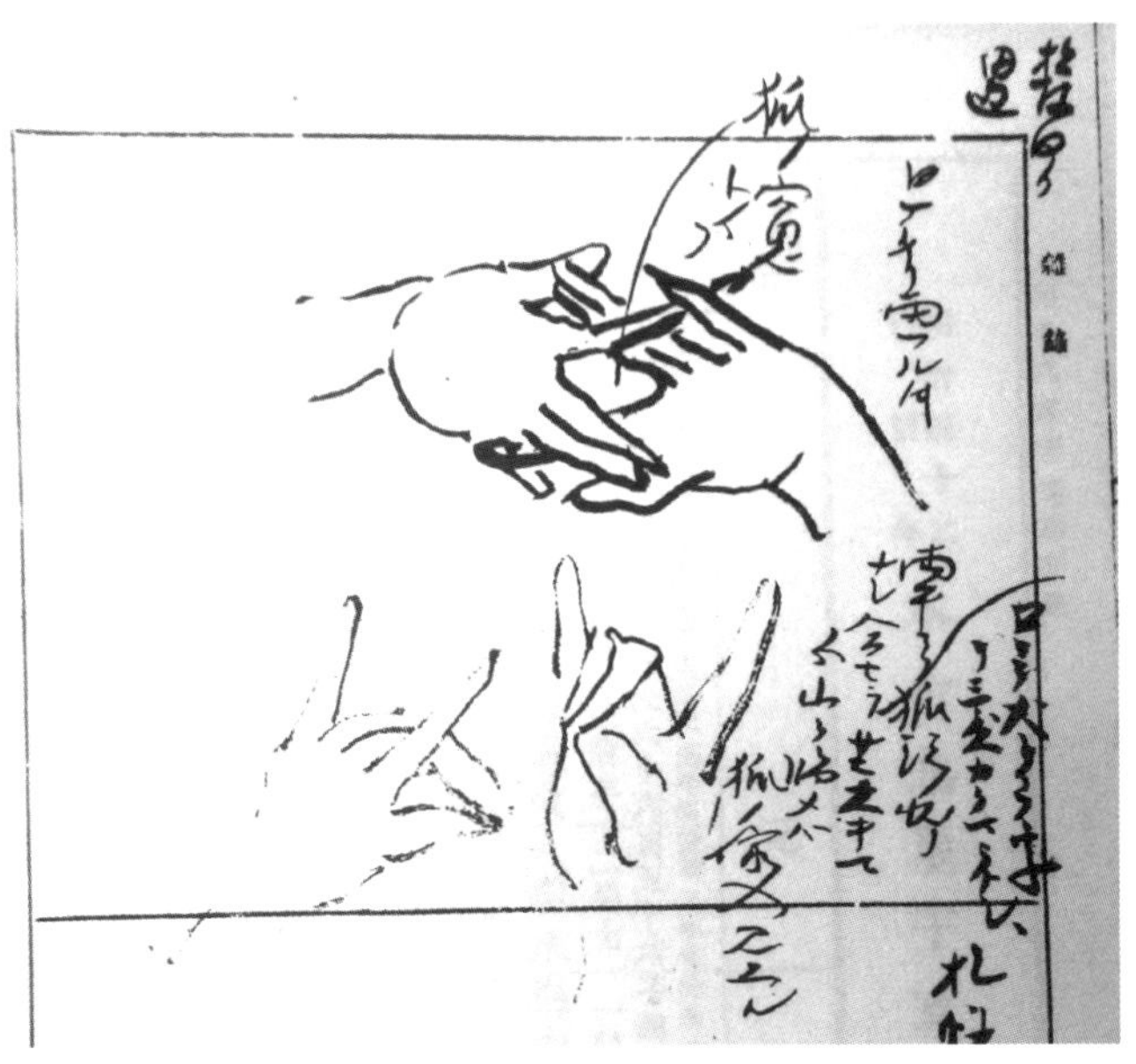

日記　明治42年末

日記の巻末に記載されている妻松枝伝授の狐の嫁入りを見る方法

熊楠は、法輪寺の豊川稲荷について面白いことを記している（「狐と雨」昭和五年）。いわく、日当たり雨（天気雨）の時、稲荷社の縁の下を火吹き筒で覗いてみると、狐の嫁入りが見えるという。

中芳養のハラダ池

坊主に化けた狐が徘徊するという中芳養の池。

狐の嫁入りについては、それ以前にも妻松枝から狐の嫁入りを見る方法を聞いて日記に書き留めている。同じく日当たり雨の時、両手で狐の頭の形を作り、作った狐の口で「犬」という字を三度書く真似をして、その隙間から山を眺めると狐の嫁入りが見えるという。このことを、後年、熊楠は「狐と雨」（昭和五年）という論考に取り入れている。それによると、頭を作る際の指の組み方は「無法に組んではみえず」ということで、図の通りにしなくてはならないそうだ。

法輪寺内の豊川稲荷

左下の建物。紀南文化財研究会『写真集　明治・大正・昭和　田辺』

一方、化け狐も幾つか話を取り上げているが、熊楠自身の伝え聞いたものの一つに、大正二年二月まで熊楠の家にいた下女が祖母から聞いた話がある。それによると、中芳養（なかはや）の境では、村人が死ぬたびに老い狐がいけの藻をかぶって袈裟として池のほとりを歩くということだ。この池は恐らく今の「ハラダ池」のことだろう。

ちなみに同地では白い花の蓮華を袂に入れておけば、狐に化かされないとのことで、子どもが野で草を摘むときはこれを求めるのだそうだ。

天狗

天狗は赤い顔と高い鼻で、山伏装束で翼を持つ、日本を代表する山の妖怪である。

山深い熊野地方にも多くの天狗の話が伝えられており、熊楠も果無峠（はてなしとうげ）の天狗を猟師が鉄砲で退治した話、魔所といわれる谷に天狗火が灯った話、徳の高い和尚が天狗を呼び寄せた話しなどを聞いて記録している。多くの時間を山中での植物採集に費やし、子どものころは「てんぎゃん（天狗さん）」と呼ばれていた熊楠は、天狗に親近感を持っていたのかもしれない。そんな熊楠が書き留めた話を一つ紹介する。

熊楠が按摩（マッサージ師）の亀さんから聞いた話。稲成村（現・田辺市稲成）の長田川という力士が山で木を伐っていて、天狗に弁当を盗み食われた。ある日、天狗が弁当を盗み食うところに出くわし、斧で羽根を一つ切り落とした。切った羽根は長田川が持ち帰ったが、後に天狗に取り返されたという。この話を熊楠は日記の巻末に書き留めている。

熊楠の書いた天狗

熊楠が和歌山中学時代に描いたと思われる天狗の図。鼻が高いから「てんぎゃん」と呼ばれていた熊楠自身の、自画像のつもりだったのかもしれない。

ヒトツダタラ／イッポンダタラ

熊野の山中に住むという、一つ目で一本足の妖怪。一二月二〇日を「果ての二十日」といい、果無峠や伯母ヶ峯山にこの日入るとヒトツダタラに食われるという。那智の狩場刑部左衛門という武士はヒトツダタラを退治し、那智山の一角を拝領した。その時建てられた石碑も今に残るという（宮本恵司『熊野妖怪談義』上）。熊楠はこの伝承を「一蹈鞴（ヒトタタラ）という強盗」を武士が退治し、褒美に領地を

ツバキの木

ツバキの木は花の咲く庭木として、また椿油（つばきあぶら）の原料として人々の生活に身近なものだが、「化ける」「火の玉が出る」など不気味な言い伝えもある。写真は2月に撮影した、南方熊楠邸の庭木のツバキ。

得た史実であると解釈している（柳田國男宛明治四四年四月二二日付書簡）。

また熊楠は「那智に一つだたらなる一足の怪物あった時、三足の鶏とツバキ作りの槌を使い、三人づれで化け歩き、いろいろと人を悩ました由」（「熊野太陽」大正一四年四月三日）があり、それゆえツバキの木の槌は化けるといって作らない、その鶏が毎夜「竹の林に一人寝る寝る」と鳴いた、大和五条の姥ガ嶽には若い娘の姿の一本足が出る（以上日記巻末の書込）など、いくつかの異伝を書き残している。

ダル／ヒダルガミ

山中で急に体が動かなくなる「ヒダルガミ」という怪異現象がある。行き倒れて餓死した者の霊が憑くのが原因とされ、熊野では「ダル（ダリ）」などと呼ばれる（熊楠は「ガキ（餓鬼）」とも書き表している）。有田市の糸我峠はダルがよく憑く場所だったという。

熊楠自身もこの怪異を体験しており、その時の様子を「予、明治三十四年冬より二年半ばかり那智山麓におり、雲取をも歩いたが、いわゆるガキに付かれたことあり。（略）それより後は里人の教えに随い、必ず握り飯と香の物を携え、その萌しある時は少し食うてその防ぎとした」（「ひだる神」昭和二年）と報告している。

糸我峠（いとがとうげ）

現在の糸我峠からの眺め。紀伊宮原の町を一望できる高所にある。

ノヅチ

紀伊半島はツチノコ目撃多発地帯だ。熊楠も「ノヅチ（野槌）」「ノーヅツ」と呼ばれていた、ツチノコの目撃談を聞き取っている。しかし熊楠をして「予が聞き及ぶところ、野槌の大いさ、形状等確説なく」「蛇に関する民俗と伝説」（大正六年）と嘆息せしめるほどその情報はバラバラだ。「二尺ほどの短大な蛇」で山を転がり落ちてくる、広見川で目撃された「蝌子（かえるこ）また河豚状に全部肥えた」蛇は現在のツチノコ伝承に近いが、「鼴鼠（もぐらもち）様の小獣で悪臭あり」という伝承や、大和丹波市の人家の床下で飼われていたという「眼小さく体俵のように短大」で「転がり来たって握り飯を食う」モノの噂、白浜町堅田の浜のノーヅツという洞穴に昔いたという「長およそ五、六尺（約一五〇～一八〇cm）、太さ面桶（めんつう）（茶道で使う桶）のごとく、頭、体と直角をなす」という巨大なノヅチなど、それぞれ全く別の存在としか思えない。さすが幻の蛇ツチノコ、つかみどころのない存在だ。

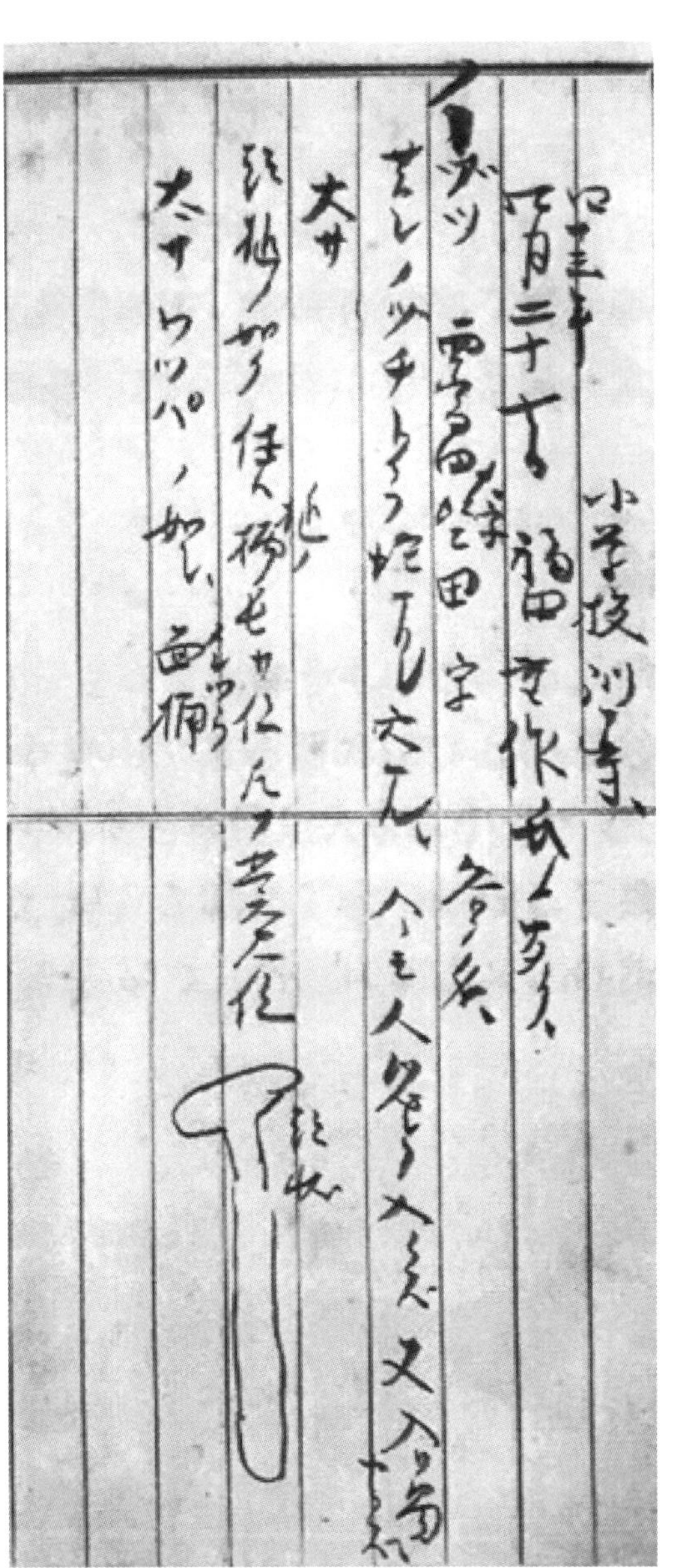

田辺聞書断章　明治43年4月27日ノヅチの図

小学校訓導の福田重作氏より話を聞いて熊楠が描いた堅田の「ノーヅツ」の想像図。現在の「ツチノコ」とはだいぶ違う。

アナグマ

アナグマは狸のような動物で、ムジナの同類として扱われることもある。熊楠自身、幼少期に雷獣の見世物をしばしば見たが、実はアナグマだったと述べている（「紀州俗伝」大正四年〈一九一五〉）。熊楠は上秋津の人から銭湯で聞いた話を日記に書き留めている。「アナグマはまことにうまく美装した処女に化けるが、畜生の哀しさ行儀を弁(わきま)えず、木にすばやく昇ったり枝にブランコしたり、処女にあるまじきことばかりするから、化(ばけ)の皮がすぐ顕われる」という。

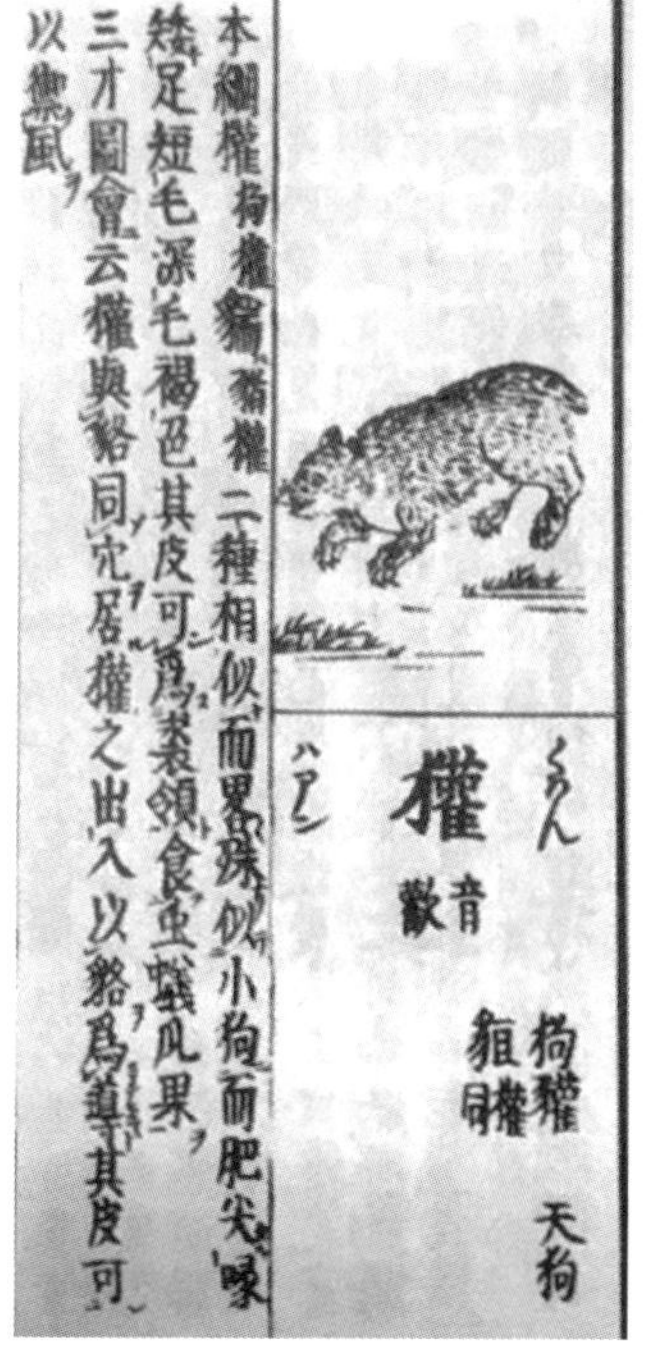

『和漢三才図会』巻38

ニクスイ

美女といえば、当地でしか聞かれない妖怪〈肉吸い〉というものがいる。東牟婁郡焼尾（本宮町切畑の八木尾か）の源蔵という高名な猟師が果無山(はてなしやま)で一八〜九歳の美しい娘が笑いながら近づいてきた。そして「源蔵、火を貸せ」を話しかけてきたので、源蔵は、これは妖怪に違いないと思って「南無阿弥陀仏」と彫りつけた弾で撃とうと思っているうちに去っていったという。二度目に遇った時はしかし美女ではなく二丈（約六m）の化け物であった。明治半ば、十津川辺りで郵便脚夫をしていた前田安左衛門という人も笠捨山（奈良県吉野郡十津川村と下北山村の境）で同様の笑う若い美女に寄ってこられた。この美女は人の肉を吸い取る妖怪であった（「肉吸いという鬼」大正七年）。

コサメコジョロウ

やはり当地でしか知られていない妖怪の一つにコサメコジョロウというものがいる。熊楠はこの目撃談を大正九年に聞いている。日高郡竜神村小又川にある西のコウという谷のオエガウラ淵に昔〈コサメ小女郎〉と呼ばれるものがいた。何百年も年経た大きな小サメで、これが美しい娘に化けて出て、通りかかる者に「オエゴウラ、オエゴウラ（一緒に泳ごう）」と声をかけて、水中で正体を現して食い殺してしまう。ある日、小四郎という青年がコサメ小女郎から人に七年間飼われた鵜が弱点であることを聞き出し、退治をするというもの。

ところがコサメ小女郎には異聞が存在した。大正一三年の森彦太郎『南紀土俗資料』には、コサメ小女郎は男性の〈コサメコジロウ〉として紹介されている。コジロウ小又川の奥で、ある武士に討たれて死んだが、その恨みでコサメになって多くの人を捕まえて食ったという。熊楠はこれが気になったらしく、新聞記者の雑賀貞次郎に頼んで、森彦太郎に詳細を問い合わせている。その返信には、また別のタイプが紹介されていて、今度のコサメは人間の坊主と結託しており、この坊主が通行人を水泳に誘っていたが、コサメが退治された後には土地に居られなくなり、牛廻の山を越えて十津川の方へ引っ越してしまったという。

各地に坊主に化けたイワナの怪異が伝わるが、それに少し似ている妖怪である。宇井縫蔵『紀州魚譜』（大正一三年）では、コサメはヤマメの方言であるという。

小又川の西の河（コウ）　コサメ小女郎が棲むという。

5　水辺の妖怪

ゴウラ（ゴウライ）／カシャンボ

熊野地方の「ゴウラ」「カシャンボ」は、東日本で「河童」と呼ばれているものと同類の水の妖怪である。小童の姿で川に住み、相撲やいたずらを好む。龍神山や富田の伊勢谷などによく出たという。夏、川にいる間はゴウラで、冬に山に入ってカシャンボになるともいう。熊楠は柳田國男に宛てた明治四四年九月二九日付書簡で「当町近き万呂村の牛小屋へ、毎夜川よりカシャンボ上がり到る。牛に涎（よだれ）のごときものつき湿（うるお）い、牛大いに苦しむ。何物なるを試みんとて灰を牛小屋辺にまきしに、水鳥の大なる足趾（あしあと）ありしとのことにて」とカシャンボのいたずら事件を報告している。

現在の万呂

万呂を流れる左会津川。カシャンボもこの川から上がってきたのかもしれない。

水鳥の足跡

早朝、砂の上に残されていた水鳥の足跡（文里港で撮影）。万呂の牛小屋に残されていた足跡もこのようなものだったのだろうか。

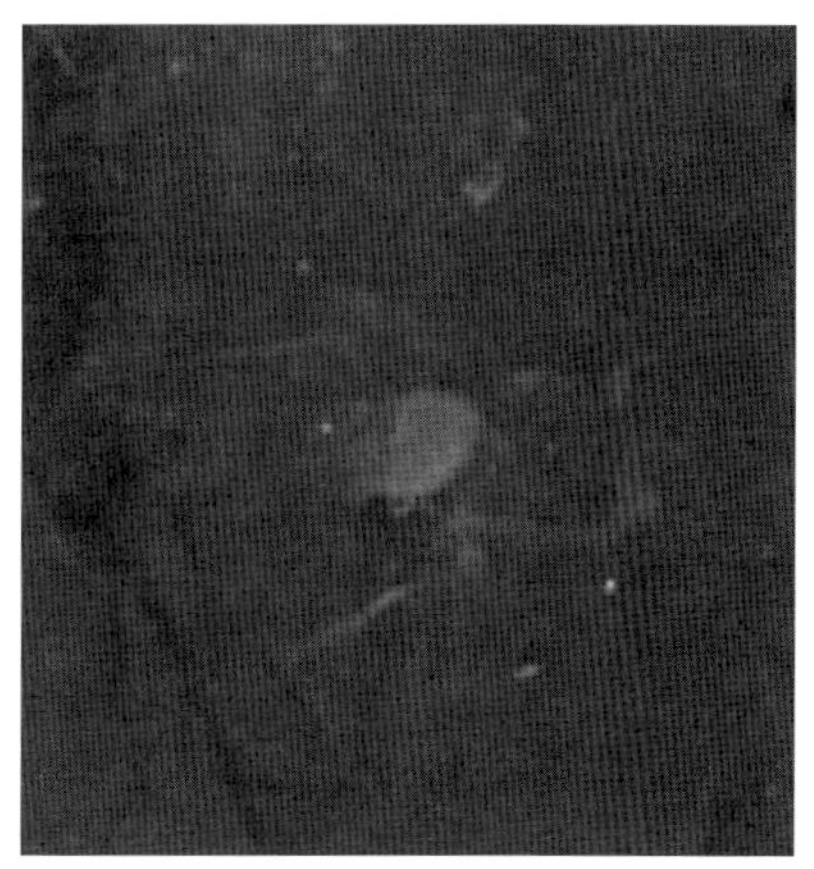

スッポン

カッパの正体ともいわれるスッポンに遭遇（本書63ページ図参照）。

モクリコクリ

「モクリコクリ（ムクリコクリ）」はお化けを指す言葉として、全国的に通用している。俗説では語源は「蒙古高句麗（もうここうくり）」で、元寇の記憶に由来するという。

しかし田辺の近辺では「三月三日に山に、五月五日に浜に行くとモクリコクリが出る」として、三月三日に浜遊びを、五月五日に山遊びをする理由とされており、その正体を「異国から攻めてきた軍勢の霊」や「ひな人形の霊」、「この季節に大量発生するクラゲ」だとする説などがある、と熊楠は『郷土研究』一巻九号（大正二年）に報告している。

また熊楠は妻・松枝から「麦畑中に忽高く忽ち低く一顕一消する」見越し入道のような怪であると、家の下女からは「神子浜ではモクリ

雑賀貞次郎『牟婁口碑集』

柳田國男が監修する郷土研究社「炉辺叢書」の1冊として昭和2年に刊行された。熊楠の書き入れも多数ある。

現在の神子浜

現在の神子浜の様子。麦畑はすでにない。

コクリは麦畑にいるイタチのような獣で、夜に麦畑に入る者の尻を抜く（内臓を取る）」と聞いたと、日記の巻末に書きつけている。モクリコクリもやはり、名ばかり有名で正体不明の妖怪であるようだ。

6　熊楠以後の妖怪調査

南方熊楠の業績を引き継ぐものとして雑賀貞次郎の伝説研究がある。雑賀は地元新聞の記者をつとめながらフィールドワークを行い、熊楠の助力を受け『牟婁口碑集』等、数多くの伝説集を表した。現在でもその業績と志は熱心な郷土の研究者に引き継がれている。ここではその一部を引用させていただき、御紹介する。

熊楠が見聞きした明治のオクリスズメ

…昨冬兵生にありしに、ある夜、木挽人足四、五輩大いに怖れて入り来たる。その話をきくに、送り雀にあいたるなり、と。送り雀とは、山道を歩むに「チョッーチョッーチョ」と間を長くおきて一声閑かに鳴く雀なり。はなはだ物凄きものにて、これを聞くと頭髪身毛豎立す。この雀はなはだ人に好意あり、狼近傍にあるを人に知らすなりという。

帰りて妻に問うに、妻幼きころは当町闘鶏社前の町にもありし、暗夜さびしき処を歩むを送り来る雀なりという。ただ、はなはださびしきものなりとばかりで、危きを知らす等のことを聞かず、となり。

（明治四四年一一月二二日付　柳田國男宛書簡）

現代でも語られるオクリスズメ

…大塔村の子守地区に行った帰途、五味地区で日が傾いてきた。…坂道が続く峠の辺りで、オクリスズメに遭遇した。それは、坂道を上り切って下りに入る手前から、「チュン、チュン」と規則正しく単発的に鳴きだした。その時、初めてオクリスズメというものに出遇った。ここ熊野に於いては、一般的な伝承として、「オクリスズメの後には、狼がついて来る（送り狼）」ということを思い出し、恐怖に震えながら、転げる様にして坂を下った。それは四〇〇〜五〇〇mはついて来たかと思う。しかし、気が付けば、いつの間にか消えていたので、安堵して胸を撫で下ろした。

（宮本恵司氏編『熊野妖怪談義・上』二〇一五年　私刊）

熊楠の妖怪研究

伊藤慎吾

明治時代、近代科学の思想が浸透していく中で、井上円了（一八五八－一九一九）は妖怪学を立ち上げて妖怪の存在を迷信とする立場から学術研究を開始した。また柳田國男（一八七五－一九六二）は民俗学の立場から妖怪の実在を議論するのではなく、そのようなものがなぜ伝承してきたのかという問題こそ重要であると考えた。

それらに触発されて二〇世紀初頭に和歌山の地で妖怪研究を始めた人間が現れた。我らが南方熊楠その人である。年齢的には井上と柳田の間くらいに位置するが、妖怪そのものを論じ始めるのは彼らよりも後のことだった。妖怪関連の論考の最初は、短文ながらも明治三三年（一九〇〇）に著した英文の「Illogicality concerning Ghosts」（全集一〇所収）であろう。これは死後の霊魂について、イギリスの哲学者ハーバート・スペンサーや中国の思想家王充らの説を取り上げながら論じたものである。

熊楠の妖怪に関する見識は、世に知られた論考よりも柳田國男に宛てた書簡や諸書から抜書したノート、あるいは蔵書の書入れに数多く見出すことができる。そのような一般に公開されることの少ない手紙や個人的なものに見られるものだし、中央の学界とは地理的にも離れた環境に、何の仕事にも就かずにいたものだから、どうしても学術的な影響を与えることは、井上・柳田に比べて稀であった。

熊楠は、鮫の歯の化石を天狗の爪の正体と考証し、実体験からヒダル神と疲労の関係を考え、また生物としてのモクリコクリの存在を推測するなど、妖怪や怪異現象を実地の調査や自然観察に基づく科学的な見地から理解していった。

一方で、膨大な分量の仏教経典類や日本・中国の古典籍、さらには欧米の古文献や各国の民族誌など外国の記録を読み漁っては、河童や狐火、平家蟹などの類似例を見出していった。こうした研究を支えていたのは、日課のように続けていたさまざまな文献からの抜書ノートの作成と、蔵書への書入れという地道な作業であった。

以下では妖怪研究出発の重要なきっかけとなる『山の神草紙』、それに伴う柳田國男との交流、日々の研究作業について見ていきたい。

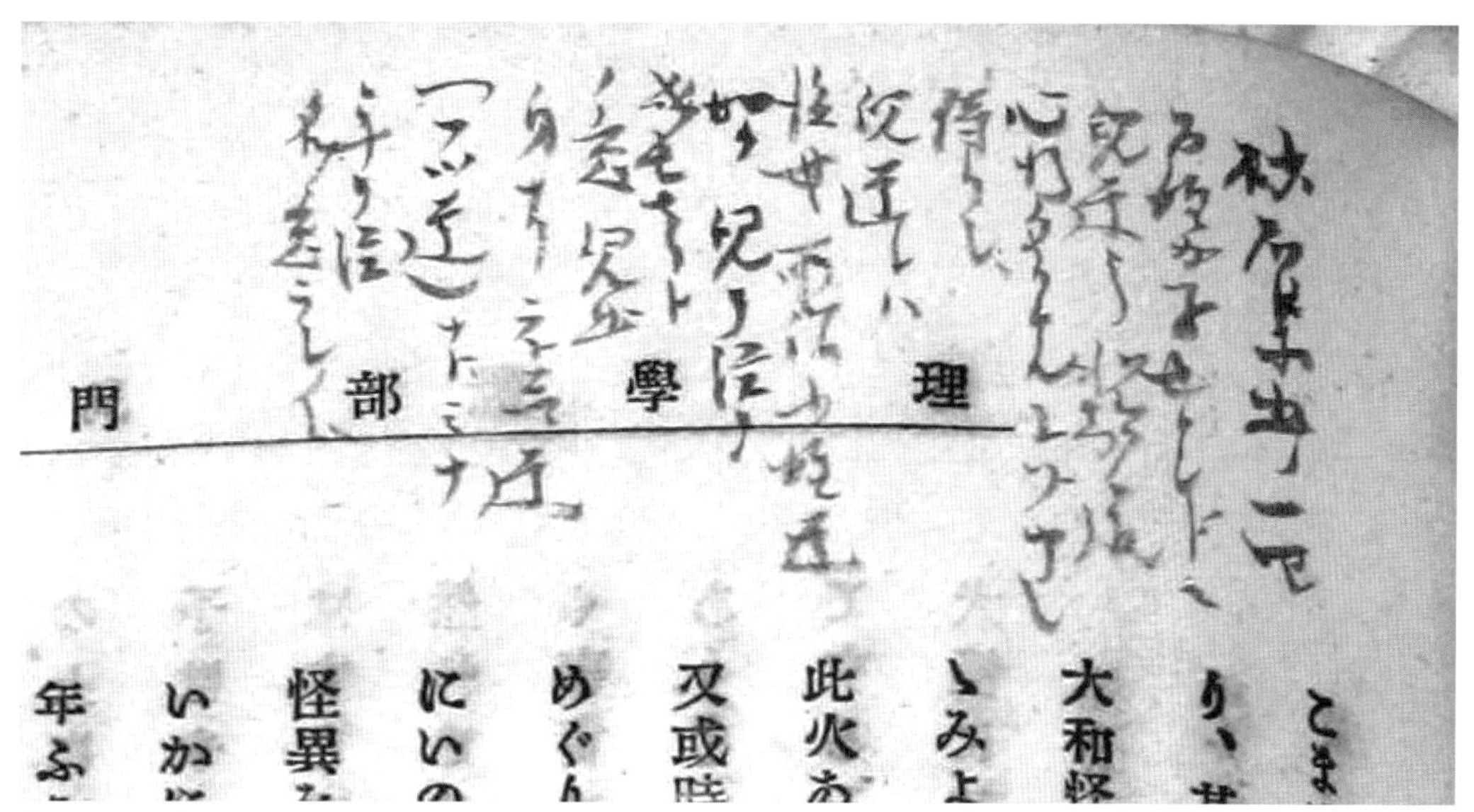

『妖怪学講義』上・中・下［和　371.72～371.74］

本書は妖怪学を樹立した井上円了の歴史的名著である。妖怪学の大綱を記しているのはもちろん、数多くの怪異・妖怪に関する具体的な事例を提示しており、資料集としても優れている。熊楠は、説話と見れば、古今東西を問わず、類話を求めて書入れる習慣があった。ここでも本文中に挿入された近世の怪談集『大和怪異記』収録説話に対し、中世の仏教説話集『沙(砂)石集』に類話を見出し（巻5-14「人の感有る歌の事」)、上部欄外に次のように書入れている。「砂石集五ノ一四　百姓ガ子也ケレドモ児達ニテ和歌ノ道心持タリケルトゾ申シ　侍リシ、児達トハ後世ニ所謂小姓達如ク　児ヲ経テ成長セリトノ意　児出身ナリ　ネコマ達（フツ達）ナドミナ年ヲ経タルノ意ラシイ、」

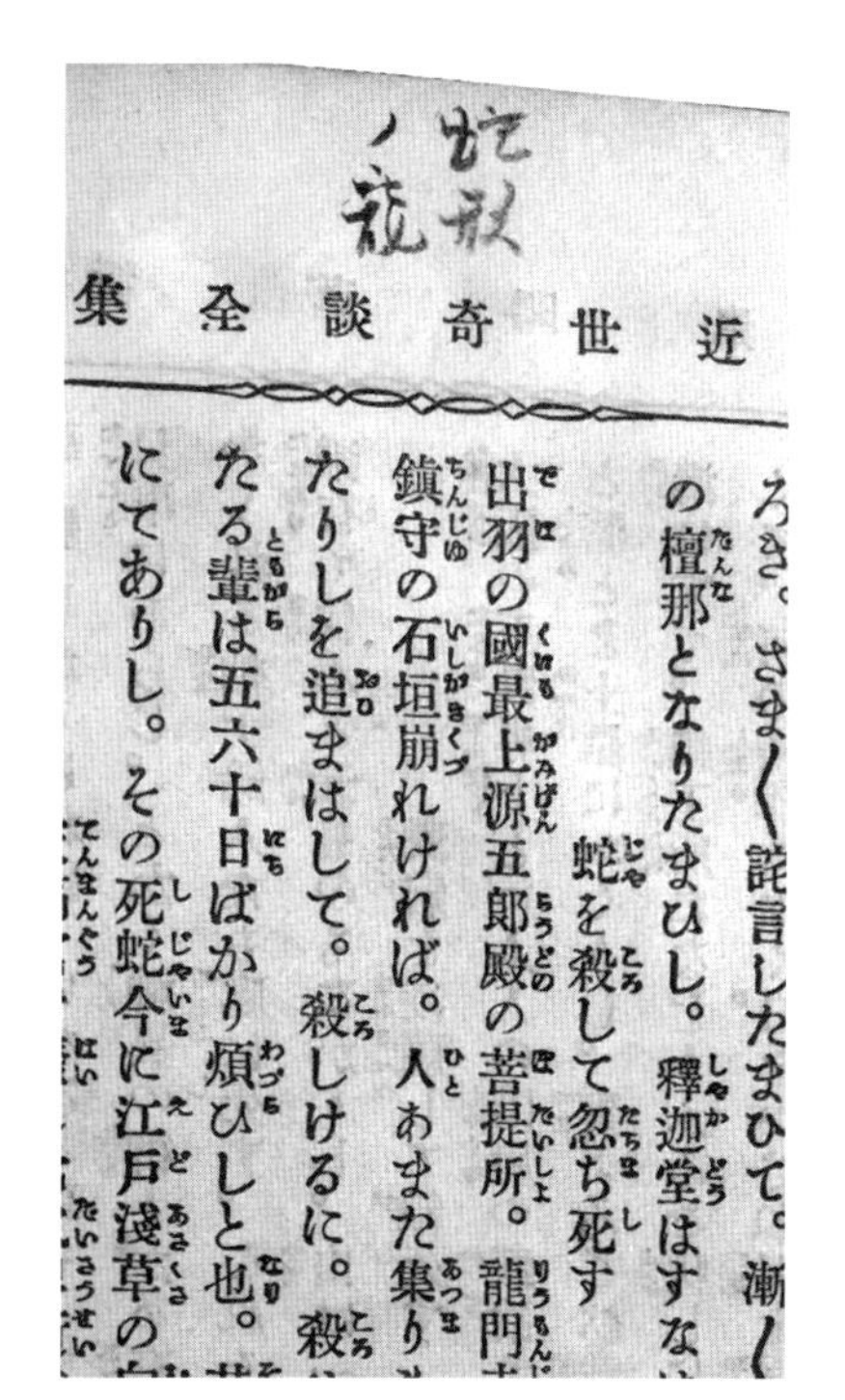

『新著聞集』『近世奇談全集』［和　910.135］

近世の奇談集・怪談集の中でも『新著聞集』は熊楠の好んで取り上げるところであった。その中の「蛇を殺して忽ち死す」という蛇の祟りに関する説話がある。戦国時代の奥州の武将最上義光の菩提寺である龍門寺の鎮守が龍であることの由来を説いたものである。鎮守の石垣が崩れ、そこから6～7寸の蛇が出てきた。これを追いまわし、殺した者たちは立ちどころに絶命するか、病に倒れた。その蛇のかたちは胴が太くて足が4本あり、頭部は蛇そっくりだったという。その蛇の死骸は浅草の慶養寺に今に伝わっているそうだ。熊楠はこの説話の上部欄外に「蛇形ノ龍」とメモしている。龍と蛇との関係性、特に形態的な異同は熊楠の関心の対象であった。この点に関わる事例として当該説話に注目したのであろう。

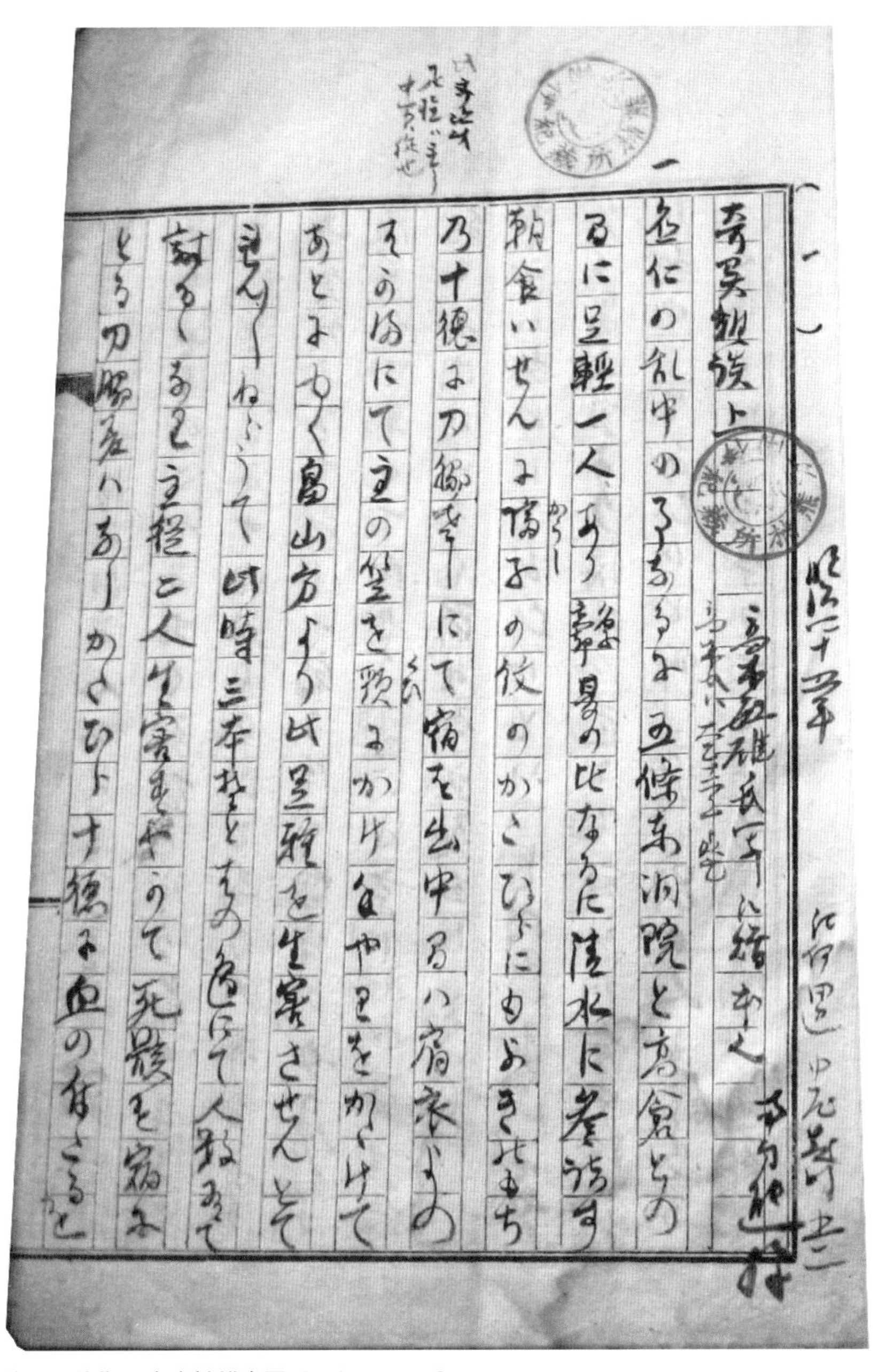

『奇異雑談集』明治期　高木敏雄書写［和古　320.18］

著名な神話学者高木敏雄（1876‐1922）から寄贈された近世初期の怪談集の写し。内題「奇異雑談」。本書は近世に数多く作られるようになった怪談集の魁として文学史上に異彩を放つ作品である。すでに明治時代から本書に注目して手元に置き、書写の労を厭わず熊楠に送った高木の懐の深さが伝わってくる。熊楠は実態としての妖怪のみならず、〈怪談〉として妖怪の説話・物語を認識する視点を持ち合わせていた。このようにして、古今東西の文献から類似する怪談＝類話を見つけ出すことが熊楠の妖怪研究の大きな目的であった。「明治四十五年　紀伊田辺中屋敷町五二　南方熊楠」「高木敏雄氏写し被贈本也　高木氏ハ大正十二年死亡」上部欄外には「此文ノ次第　足軽ハ主ニテ中間ハ従也」と、登場人物の足軽と中間の関係について注釈している。

1 『山の神草紙』の発見と反響

明治三五年（一八九九）一一月八日、熊楠は湯川惣七（楠本平八の妹婿）の所蔵する不思議な屏風を見た。日記には「山の神（草紙?）の屏風絵見る」とだけ記している。「（草紙?）」と括弧付き、疑問符付きなのは、屏風仕立てになっているが、もともとは絵巻ではなかったかと考えたからだろう。その後詳しく調べ、絵巻と詞書（ことばがき）を屏風に貼ったものであり、しかも前半だけの不完全なものだと知れた（「出口君の『小児と魔除』を読む」明治四二年五月）。熊楠はこの作品について「人類学、考古学、土俗学上頗る興味深き者」と評している（大正四年八月九日、毛利清雅宛書簡）。

この作品を中央の学会誌である『東京人類学会雑誌』に公表したことは、大きな反響を呼ぶこととなった。その最たるは、柳田國男である。柳田は明治四四年三月一九日付の書簡において、「拝啓ヲコゼのことは小生も心がけをり候處今回の御文を見て欣喜不能禁　また御一閲被下候舊稿一御座右にさし出候」と、柳田自身、これには既に関心を持っていたことを述べ、論文「山の神とオコゼ」（明治四三年一〇月）を贈っている。柳田に並び、植物学者白井光太郎もこの発見に関心を持ち、ここに『山の神草紙』をめぐる中央の学者との交流が始まる。

かくして、小守重保に依頼して詞書を写し、広畠幾太郎に依頼して絵を模写させた。そこに米国の植物学者ウォルター・テニスン・スウィングルが来訪して強い関心を示した。そこで熊楠は広畠にさらに複製を作らせて、自分で詞書を書いてスウィングルに贈った。これを米国の国立博物館の常備品としてもらったことに、熊楠はいたく感激したようである。

その後、昭和になり、日本文学研究において次第に室町時代の物語作品の調査研究が盛んになるにつれ、その方面から『山の神草紙』に注目する動きが現れた。昭和一三年（一九三八）、数多くの物語を発掘紹介したことで知られる横山重が熊楠のもとに訪れた。これを契機に二人の学術的な交流が深まり、晩年に至った熊楠に中世文学研究への道を開くことになった（伊藤慎吾「南方熊楠『蛤の草紙』論の構想」『熊楠研究』九）。

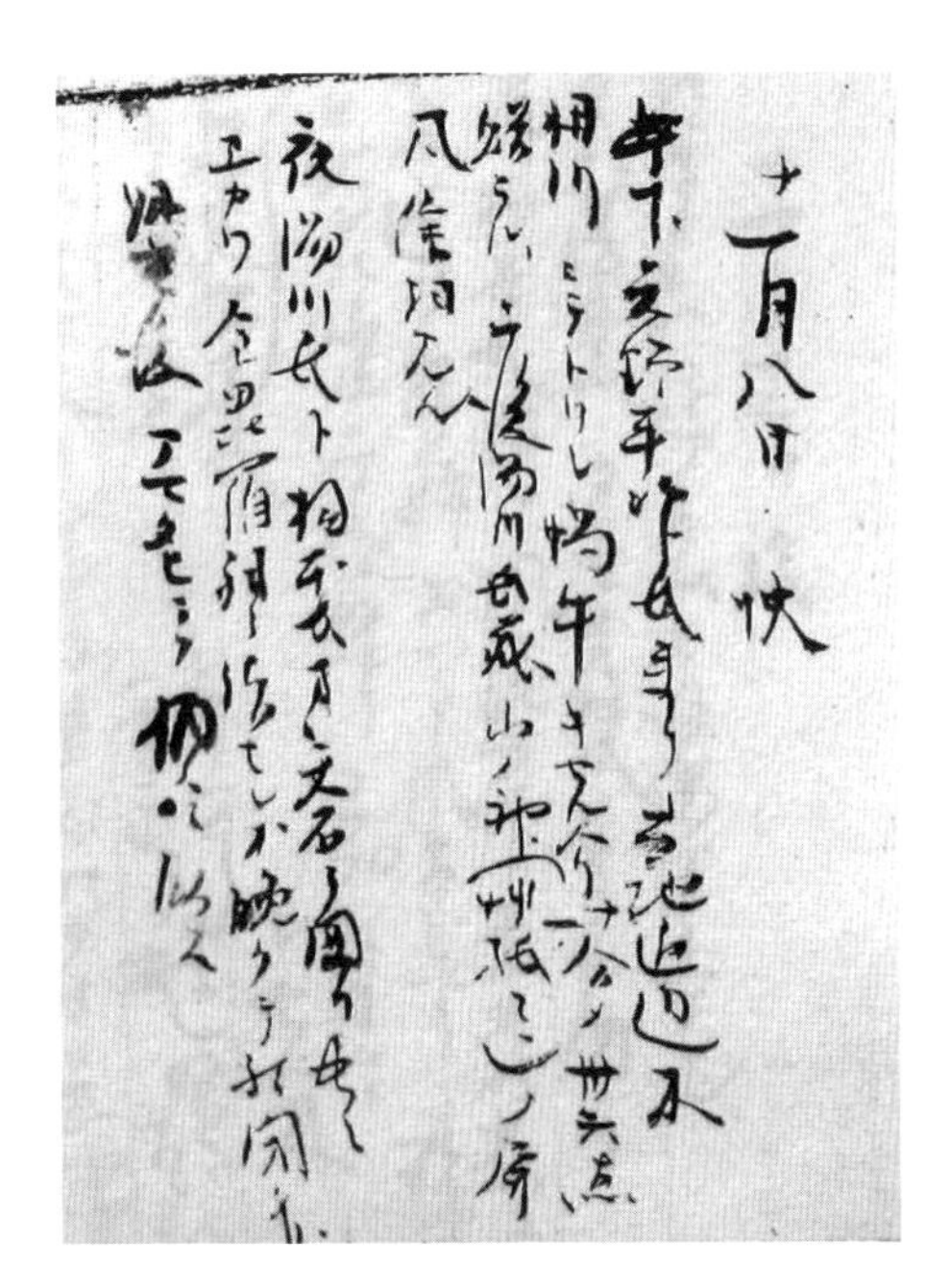

『日記』明治35年11月8日の条［自筆　285］

お伽草子絵巻の一種『をこぜ絵巻』の一本を見出した時の日記。「午下矢野平次郎氏来リ当地近辺及籾川ニテトリシ蝸牛キセル介十一合シテ卅六点贈ラル、午後湯川氏蔵山ノ神（艸紙？）ノ屛風絵詞見ル、夜湯川氏ト楠本氏方に碁ヲ囲ム共ニユカワ金毘羅祠ニ詣セシガ晩クテ社閉タリ、帰宅後アマタヒニテ酒ノミ臥ス」と記されている。この時期、熊楠は友人たちと酒を飲み明かす日々を過ごしていた。前日7日も湯川惣七・楠本平八らと菱屋・五明楼に行き、さらに牛肉を肴に酒を飲み、芸妓を5人呼んで大騒ぎをしていた。翌9日もまた芸妓2人を呼んで酒宴を開いた。本絵巻の発見は、そうした生活の中での偶然の出来事だった。

山の神草紙写本・下絵［関連　0160］

『山の神草紙』はオコゼの姫と山の神（狼）の婚姻を描いた室町時代に成立した物語絵巻で、一般に『をこぜ』と呼ばれ、また『山海相生物語』と題する絵巻物としても伝わる。山海の生き物たちが数多く集まり、宴を催すユニークな異類物。右側には山に棲む鳥獣の精たち、左側にはオコゼ姫をはじめとする海の魚の精たちが描かれている。所々に記された文字は「赤」「白」「緑」などと彩色を指定したものである。

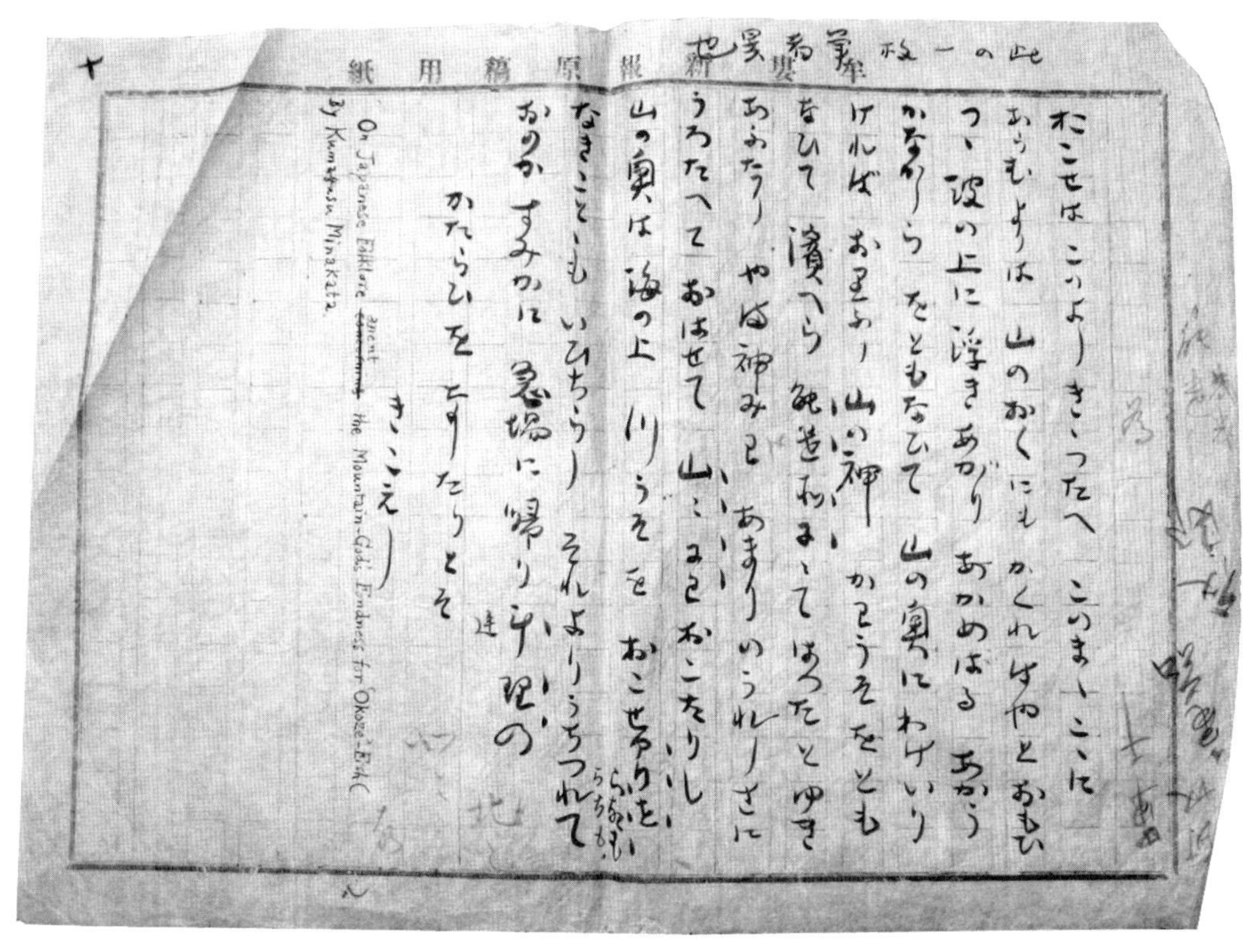

山の神オコゼの絵詞・写［関連　0159］

『山の神草紙』の写しの別本。上部欄外に「此の一枚実者異也」と記されている。「おこせは　このよしき丶つたへ　このま丶こ丶に　あらむよりは　山のおくにも　かくれはやとおもひつ丶　波の上に浮きあがり　あかめはる　あかう　かなかしら　をともなひて　山の奥にわけいりければ　おりふし　山の神　かわうそをともなひて　浜へら　のけそに丶て　はつたとゆきあふたり　やま神みわ　あまりのうれしさに　うろたへて　おはせて　山々にわおこたりし　山の奥は　海の上　川うそを　おこせやりを　らちもなきこと丶も　いひちらし　それよりうちつれて　おのか　すみかに　急場に帰り　連理の　かたらひを　なしたりとそ　きこえし　On Japanese Folklore the Mountain-God's Fondness for 'Okoze'-Fish（By Kumagusu Minakata.）

牟婁新報

山の神と「オコゼ」魚

南方熊楠

本年二月廿日發行の東京人類學會雜誌に南方先生「山神、オコゼ魚を好むと云ふ事」と題する一篇ありしが、行政裁判所員にて、土俗學上多種の名著多き、法學士柳田國男氏、之を讀て感歎不能禁とて更に氏が年來取調べたる諸項を纏めて、此程南方先生に贈來せられたり、仍て、學會雜誌に出たる分と之とを調合整理し、更に先生より本社に寄られたる貴重の論文なれば、謹んで之を本號以下に連載する事と爲しぬ。南方氏も柳田氏も、本邦で一二を爭そふ土俗學者にして、人類學會雜誌は、坪井博士始め、大學連の監査の下に出刊さるゝ者なれば、本篇は決して彼「人魚の話」の如く風俗壞亂等の嫌無き純粹學術的の珍稿なれば、安心して精讀せらるべし

明治四十四年三月廿四日

「山の神と「オコゼ」魚」『牟婁新報』明治44年3月24日号　スクラップ帳貼付

山の神とオコゼの問題は柳田國男に刺戟を受けながら独自の考えを深めていった。この新聞記事のリード文には次のように記されている。「本年二月廿日発行の東京人類学雑誌に南方先生「山神、オコゼ魚を好むと云ふ事」と題する一篇ありしが、行政裁判員にて、土俗学上多種の名著多き、法学士柳田國男氏、之を読て感歎不能禁とて更に氏が年来取調べたる諸項を纏めて、此程南方先生に贈来せられたり、仍て、学会雑誌に出たる分と之とを調合整理し、更に先生より本社に寄られたる貴重の論文なれば、謹んで之を本号以下に連載する事と為しぬ。南方氏も柳田氏も、本邦で一二を争そふ土俗学者にして、人類学会雑誌は、坪井博士始め、大学連の監査の下に出刊さるゝ者なれば、本篇は決して彼「人魚の話」の如く風俗壊乱等の嫌無き純粋学術的の珍稿なれば、安心して精読せらるべし」。『東京人類学雑誌』同年2月号に掲載された「山神オコゼ魚を好むと云ふ事」が柳田國男に高く評価されたことなどを記して本誌掲載の理由を述べている。なお、文末にある「人魚の話」は、ここに記されている通り、風俗壊乱の罪で有罪となった曰く付きの論考である。これは同誌の前年9月24日及び27日号に掲載されたものであったので、気になっていたのだろう。

2 柳田國男との妖怪談義

柳田國男と交流を始めた熊楠は、柳田に対して長文にして学術的に濃厚な書簡を立て続けに書き送るようになった。確認できるものだけでも、明治四四年（一九一一）四月二二日の手紙には河童・一本だたら（ヒトツダタラ）・山姥・山父についての言及があり、一〇月九日には火車・見越し入道、同一〇日には天狗、同一四日には妖狐、同四五年一月一五日には河童、大正三年（一九一四）六月二日には一本だたらについて地元の事例は当然のこと、古今東西の文献を博捜して紹介し、さらに考証もしている（伊藤慎吾「南方熊楠の妖怪研究と近世説話資料」『説話文学研究』五三）。

このように、熊楠は柳田とのやり取りの中で、妖怪の話題に大きな比重を置いていたことが知られる。そしてその濃厚な書簡の内容は論考にも反映されていくことになる。たとえば、熊楠は栗鼠の怪異について関心を持っていた。明治四四年四月二二日付の書簡の中では、栗鼠は魔法を使うもので、地元の猿退治の話では占いをする者として登場すると記している。この事例は後に「紀州俗伝七」（『郷土研究』大正三年九月号）でも紹介され、さらに「栗鼠の怪」として論考化された（同誌昭和六年七月号）。このほか、「河童について」「山姥の髪の毛」「河童の薬方」「生駒山の天狗」「熊野の天狗談について」「鶏に関する民俗と伝説」などもやはり多少なりとも柳田とのやりとりの影響が認められる。「河童の薬方」（大正一三年）の発端は「此例夥しく柳田氏の山島民譚集一ノ六頁已下に出居る。」であった。

もちろん、柳田にも熊楠とのやりとりは大いに刺激を与えたことに違いはない。たとえば大正三年（一九一四）に刊行された『山島民譚集』には「南方熊楠氏説」として紹介されている箇所がある。イシミカワという薬草をある地域で「河童ノ尻拭イ」と呼ぶことについて「此ノ草ガ水畔（スイハン）ニ生ジ茎ニ刺（トゲ）アリテ河童ノ滑ラカナル肌膚（キフ）ヲモ擦リ得レバナランカ」という説がそれである。

柳田國男（写真・伊藤慎吾所蔵）

柳田國男（1875-1962）は日本の民俗学を確立した人物として広く知られる人物である。今日でもよく知られている著作に、岩手県遠野の伝説や伝承を記した『遠野物語』（1910年）、方言における周圏論を提唱した『蝸牛考』（1930年）をはじめ、『雪国の春』（1928年）、『桃太郎の誕生』（1942年）、『海上の道』（1961年）など、多数の著作がある。熊楠との手紙のやり取りは往復合わせて200通を超え、内容も豊かであり、それらは『柳田國男・南方熊楠往復書簡集』上・下（平凡社ライブラリー）で読むことができる。２人の文通はそれぞれの妖怪研究に大きな影響を与えた。

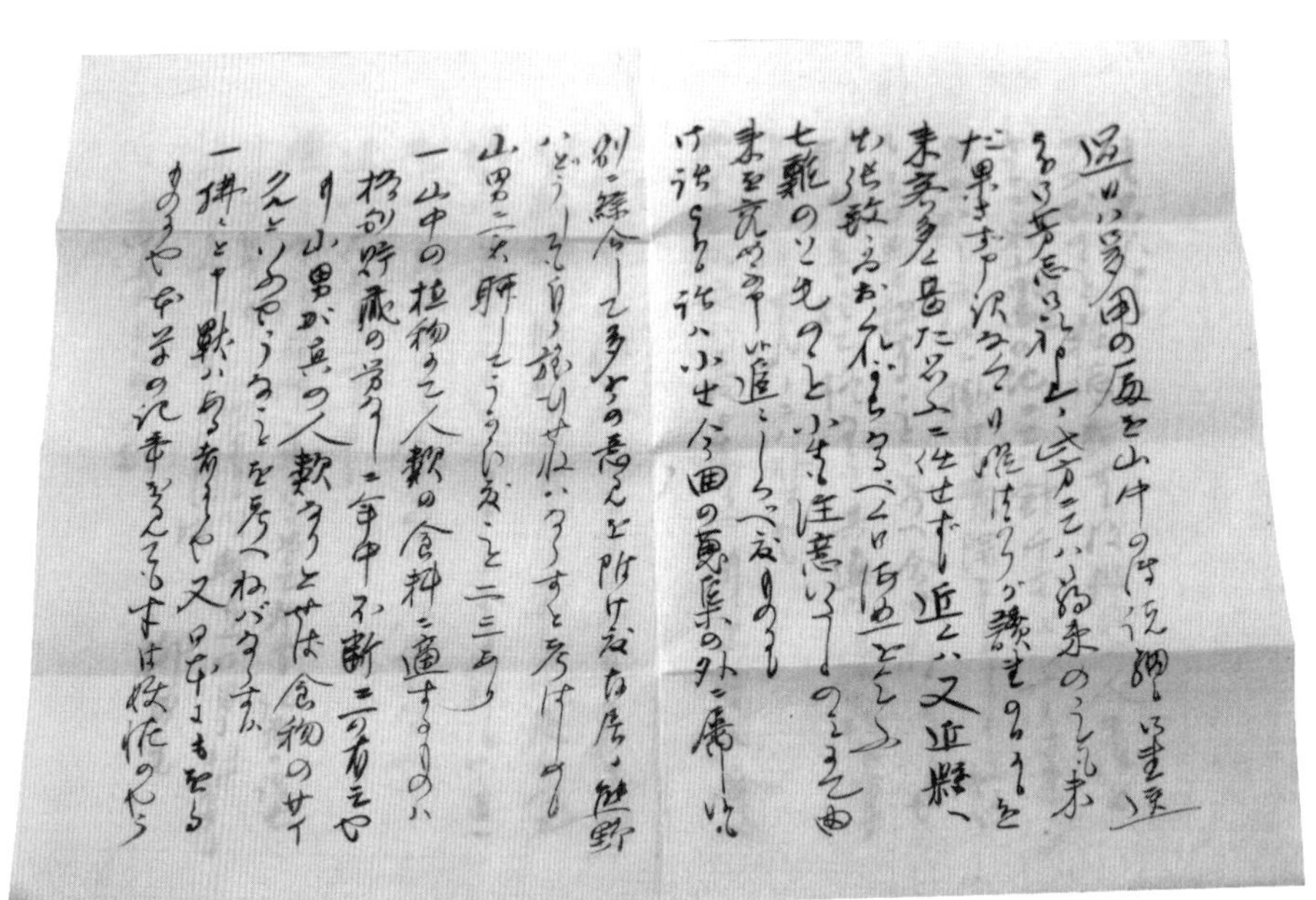

柳田國男書簡　明治44年4月30日付［来簡　5184］

熊楠宛に送られた書状の1枚。熊楠は４月22日に長文の書簡と追伸、合わせて２通を送った。そこには、山男やそれに関連するカシャンボ・罔両（魍魎）、さらに山精の一種として山オジ・山女郎・山姥・一本ダタラ、加えて猿や栗鼠の話を、熊野の事例を中心に取り上げ、最後に「七難のそそ毛」の由来などについて質問している。これに対して、柳田からの書状には、「七難のそそ毛」の由来は知らないと述べた上で、山男が人間かどうか、狒々は日本にもいるものなのかという疑問点を示してから、新潟でのオコゼの民俗、『考古学雑誌』購読の勧めなどを記している。

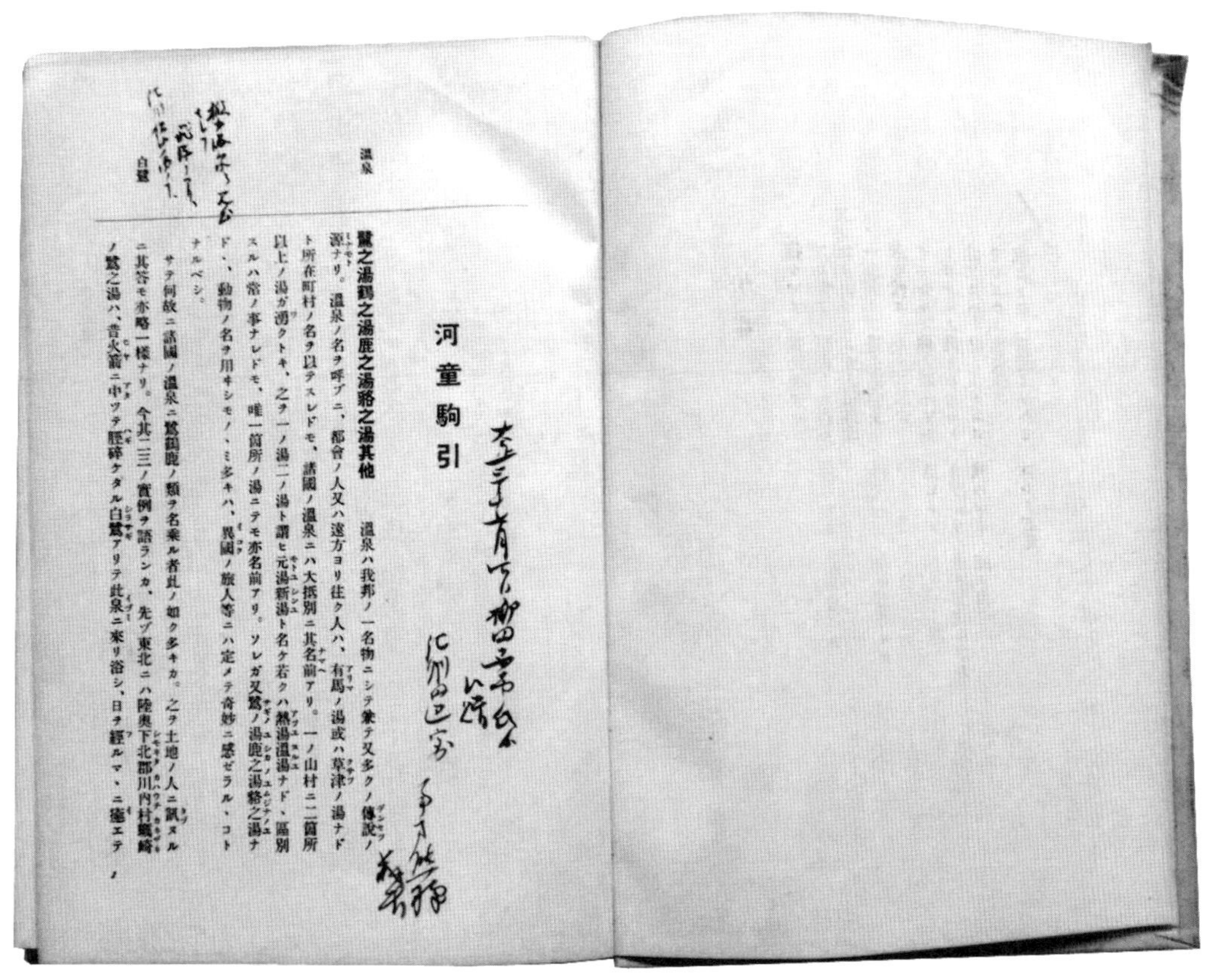

温泉

河童駒引

鷺之湯鶴之湯鹿之湯狢之湯其他

温泉ハ我邦ノ一名物ニシテ兼テ又多クノ傳説ノ源ナリ。温泉ノ名ヲ呼ブニ、都會ノ人又ハ遠方ヨリ往ク人ハ、有馬ノ湯或ハ草津ノ湯ナド所在町村ノ名ヲ以テスレドモ、諸國ノ温泉ニハ大抵別ニ其名前アリ。一ノ山村ニ二箇所以上ノ湯ガ湧クトキ、之ヲ一ノ湯二ノ湯ト謂ヒ元湯新湯ト名ケ若クハ熱湯温湯ナド、區別スルハ常ノ事ナレドモ、唯一箇所ノ湯ニテモ亦名前アリ。ソレガ又鷺ノ湯鹿之湯狢之湯ナド、動物ノ名ヲ用ヰシモノヽミ多キハ、異國ノ旅人等ニハ定メテ奇妙ニ感ゼラルヽコトナルベシ。

サテ何故ニ諸國ノ温泉ニ鷺鶴鹿ノ類ヲ名乘ル者此ノ如ク多キカ。之ヲ土地ノ人ニ訊ヌルニ其答モ亦略一樣ナリ。今其二三ノ實例ヲ語ランカ、先ヅ東北ニハ陸奧下北郡川内村蠣崎ノ鷺之湯ハ、昔火箭ニ中ツテ脛砕ケタル白鷺アリテ此泉ニ來リ浴シ、日ヲ經ルマヽニ癒エテ

山島民譚集（一）［和　374.21］

柳田國男から贈られた『山島民譚集』(1914年刊)。「大正三年七月四日柳田国男氏ゟ被贈／紀州田辺寓　南方熊楠蔵書」と記されている。本書は「河童駒引」「馬蹄石」の２編から成る民間伝承の研究書で、事例集としても充実している。二人は特に河童をめぐって盛んに書簡中で議論をしており、熊楠も様々な紀州の事例を紹介している。本書の冒頭では各地の温泉に鷺・鶴・鹿などの動物名を用いるものが多いのはなぜかという問題を取り上げている。熊楠は上部欄外に「猴カ温泉ヲ見出セシコト飛騨ニアリ、紀州鉛山ノ南ノコト、」と、事例を追加している。

明治十九年二月創刊

東京人類學會雜誌

第二十六卷　第二百九十九號

山神「オコゼ」魚を好むと云ふ事……南方熊楠

海と人の關係を示す兒童用繪本に付いて……坪井正五郎

越後國中頸城郡發見の遺物に就て……大野雲外

石製棍棒頭に付いて……坪井正五郎

貝塚古墳の頭蓋に就て……長谷部言人

アイヌ命名考……吉田巖

「『東京人類学会雑誌』明治44年2月号［和誌　150］

熊楠の「山神「オコゼ」魚を好むと云ふ事」が収録されている。」

3　河童問答と『甲子夜話』

熊楠は妖怪の中でも地元でカシャンボやゴウライと呼ばれるものに強い関心を持っていた。一般名称では河童を指す。柳田國男との往復書簡の中でも河童を繰り返し話題にしている。明治四四年（一九一一）四月二二日の書簡に、『和漢三才図会』の山童に言及した上で、山精の一種として熊野地方のカシャンボについて説明を始める。「熊野にあまねくカシャンボということをいう。六、七歳の小児ごときものにて、ケシボウズにて青き衣を着、はなはだ美にして愛すべし。林中にあり、人を惑わすという。また馬を害すとも申す。林中にてコダマ聞こゆるはこのものの所為と申す。このもの冬は山林中にあり、カシャンボたり、夏は川に出で河童となるという」（全集八）。記録の上ではこれが二人の河童談義の出発である。このやり取りは両者にとって有益なものとなり、同年七月二日に柳田が書き送った書簡には「此秋は「カッパ」に関する論を致し度候　前以て御蘊蓄を傾けたまはらば小生が消化しうる限は之を利用し度存居候」と記されている。

興味深いのは、そうしたやりとりの中で、熊楠が柳田に『甲子夜話』を貸してくれるように執拗に頼んでいることだ。大正三年五月一〇日の書簡に、当地（田辺）にはないので貸してくれと頼み、同月一六日には「なるべく早く御貸し下されたく候」と催促している。この書は幕末頃に松浦静山が著した随筆で、その量は江戸時代随一といえるほどのものである。この時、柳田の貸した『甲子夜話』は明治時代に国書刊行会が刊行した活字本であった。催促して暫くして到来した本を抄写し始めたのは同年五月二八日であった。抜書ノートである『田辺抜書』第三四巻には「（大正三年五月廿八日夜十一時より）柳田国男氏ゟ借リ写ス　第一冊明治四十三年五月刊行甲子夜話　本書ハ旧平戸藩主静山松浦公（壱岐守清）ノ随筆正篇百続ー百後編八十巻全二百八十巻ゟ成ル」などと記されている。この作業はその後日課となった。元々大部な随筆なので、抜書も四冊に亘るほどの分量となった。この抜書は後に有益な資料として活用されることとなる。妖怪関連の論考の例を一、二示すと、一〇年後の論考「河童の薬方」（大正一三年）では巻六五、続編三五を用い、また「狐と雨」（昭和四年）でも書入にこの書の記述を引用しており、自説の補足に用いたことがわかる。

熊楠は『甲子夜話』という大部の随筆を時に正確に、時に要約的に抜き出した。そして古文献や民俗資料、さらには海外の文献に似た説話や類例があれば、好んでそれらと比較した。こういう扱いをするものであるから、本書を随筆文学として文学価値を認めるのではなく、自然科学や民俗をはじめとする諸分野に亘る百科全書的な文献資料として評価していたようである。

4　諸書の抜書から論述へ

熊楠は数多くの文献を通読し、怪異・妖怪に関する情報を収集していった。その読書行為は抜書という作業と連動していることが多かった。つまり抜書ノートを作り、必要に応じてそれを資料として論考に引用していったのである。その抜書はロンドン時代の『ロンドン抜書』と田辺時代の『田辺抜書』を主なものとする。このほかに米英渡航以前の『課余随筆』や毎年更新の日記帳巻末のメモ用ページなどにも文献抜書は見られる。

明治四四年（一九一一）四月二二日、柳田國男に宛てた書簡の中で妖怪のイッポンダタラについて論じた箇所がある。そこでは『紀伊続風土記』巻八〇の「一蹈鞴（ひとたたら）」を引いている。その中に「郷中の所得を考うるに」という一節がある。熊楠は、この年三月二四日から翌月四日にかけて、明治四三年一二月に国書刊行会が刊行した翻刻本を、毛利清雅から借りて抄写している（『田辺抜書』巻一五）。その翻刻本によると「郷中の得る所を数ふるに」とある。これに対して『田辺抜書』では「郷中ノ所得ヲ考フルニ」とあって、柳田宛書簡と一致する。『抜書』が作られて一月足らずで妖怪の考証に使われていたことが知られる。

（者也といふも是なり）何れの時にか有けん一蹈鞴（ヒトタヽラ）と呼ふ強盗此山中に栖
みて時々出て神寶を盗み社家を侵し掠むる事數（シバ〳〵）なれとも社
家是を捕ふる事あたはす其頃樫原村に狩場刑部左衞門とい
ふ猛きをのこあり社家是を頼みて一蹈鞴を誅せしむその恩
賞として寺山を立合山となすといふ（立合山とは雙方より其山を支配するをいふ薪を採り木の實）
（を拾ふ類をいふ）從來那智山は社家の事にて山稼きをする者ならす色
川の村々は山中に栖みて食物に乏きを憂ひ山稼きを專にす
る者なれはこれより年々寺山にて樫の實を拾ひて食料の助
とす大抵家毎に拾ひ得る事十俵より十五俵に至るを常とす
郷中の得る所を數ふるに一歳の總高千二三百石に至るとい

強盗一蹈鞴（ヒトタタラ）『紀伊続風土記』巻80
［和　212.06］

また「栗鼠の怪」（昭和六年）では『太平百物語』を引用しているが、これは大正一二年一月に写した『徳川文芸類聚』第四巻収録本を抄写したものを用いている。それを収めた『田辺抜書』巻五三には、当該説話の頭注に「太平廣記四四五　張鋋ノ話ヲ訳セシ也」と記している。本論考ではその張鋋（ちょうせん）説話も取り上げられており、この抜書が使われたことが察せられる。

このように、熊楠の妖怪研究は、日々の数多くの文献通読と抜書という地道な作業から生み出されることが多かったのである。

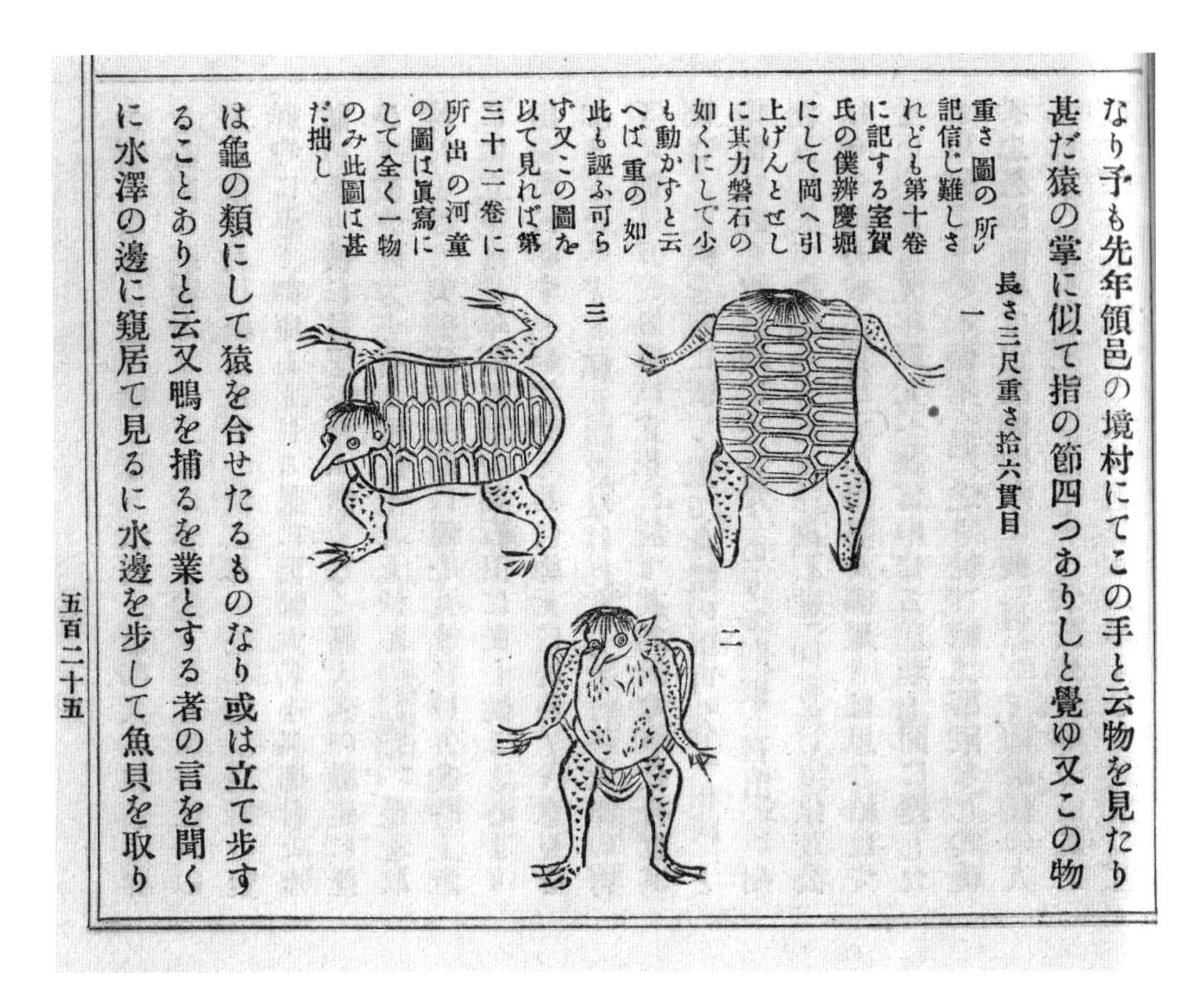

なり予も先年領邑の境村にてこの手と云物を見たり
甚だ猿の掌に似て指の節四つありしと覺ゆ又この物

一　長さ三尺重さ拾六貫目

重さ圖の所レ記信じ難しされども第十巻に記する室賀氏の僕辨慶堀にして岡へ引上げんとせしに其力磐石の如くにして少も動かずと云へば重の如レ此も誣ふ可らず又この圖を以て見れば第三十二巻に所レ出の河童の圖は眞寫にして全く一物のみ此圖は甚だ拙し

三

二

は龜の類にして猿を合せたるものなり或は立て歩す
ることありと云又鴫を捕るを業とする者の言を聞く
に水澤の邊に窺居て見るに水邊を歩して魚貝を取り

五百二十五

『甲子夜話』65巻（国書刊行会）

『田辺抜書』に模写した河童図の原図。明治43年刊行の第2分冊の525頁に掲載されている。説明文の釈文を示すと次の通り。「重さ図の記す所、信じ難し。されども第十巻に記する室賀氏の僕、弁慶堀にして岡へ引き上げんとせしに、其の力、盤石の如くにして少しも動かずと云へば、重さの此くの如きも誣ふ可からず。又、この図を以て見れば、第三十二巻に出づる所の河童の図は写真にして、全く一物のみ。此の図は甚だ拙し。」

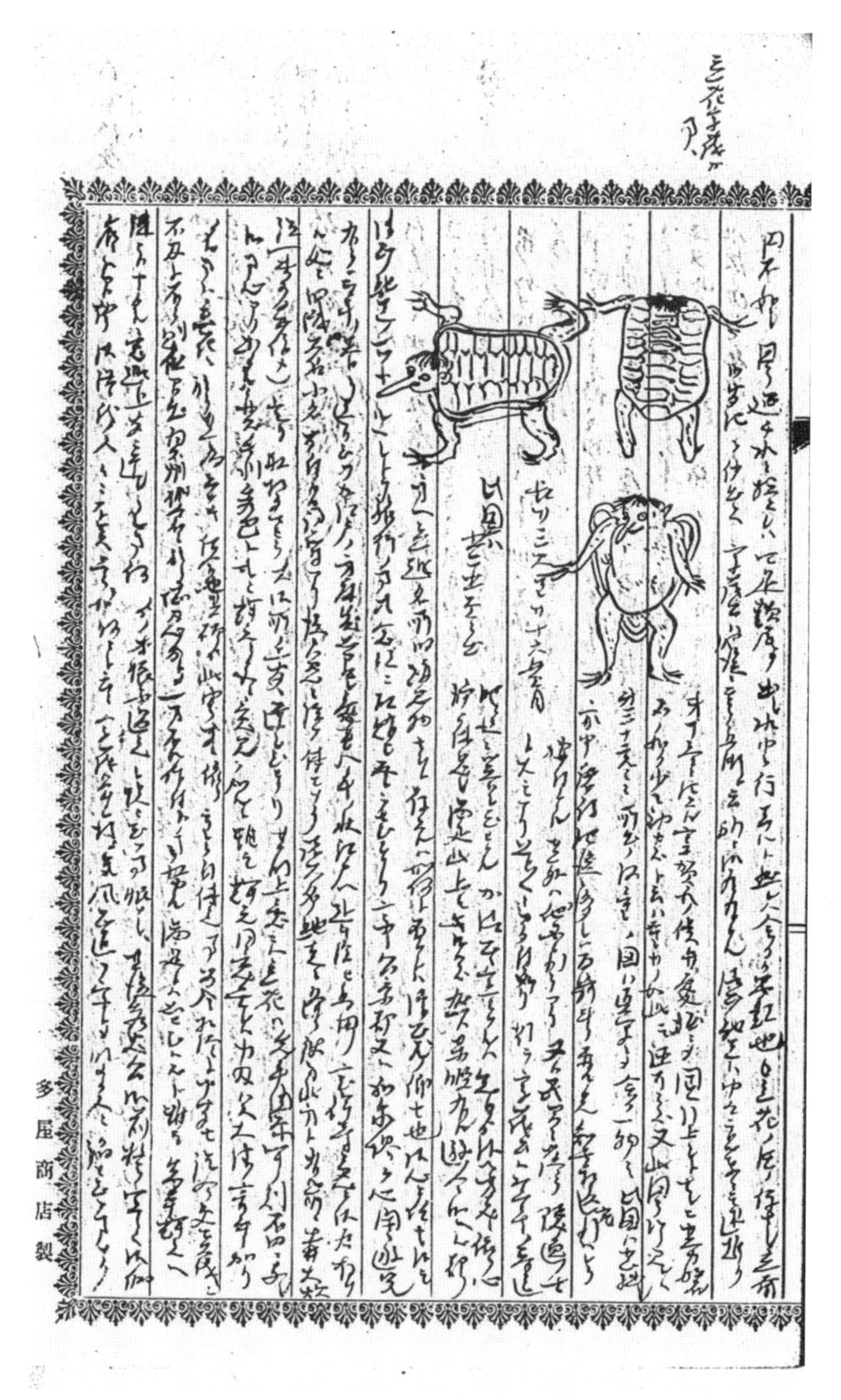

『田辺抜書』34巻［自筆　199］

熊楠が大正3年に抄写した抜書資料。『甲子夜話』65巻に掲載されている河童の図を模写したもの。熊楠が親本（おやほん）としたのは、柳田國男から郵送してもらった国書刊行会発行の活字本であった。図中にある「長サ三尺重サ拾六貫目」は原文中にあり、「此図ハ五二五頁ニ出」は熊楠自身の文。図の説明文は次のように写している。「第十巻ニ記スル室賀氏ノ僕弁慶堀ニシテ岡へ引上ントセシニ其力盤石ノ如ク少モ動カズト云ハ重サノ如此モ誣可ラズ又此図ヲ以テ見レハ第三十二巻ニ所出ノ河童ノ図ハ写真ニシテ全ク一物ノミ此図ハ甚拙シ」

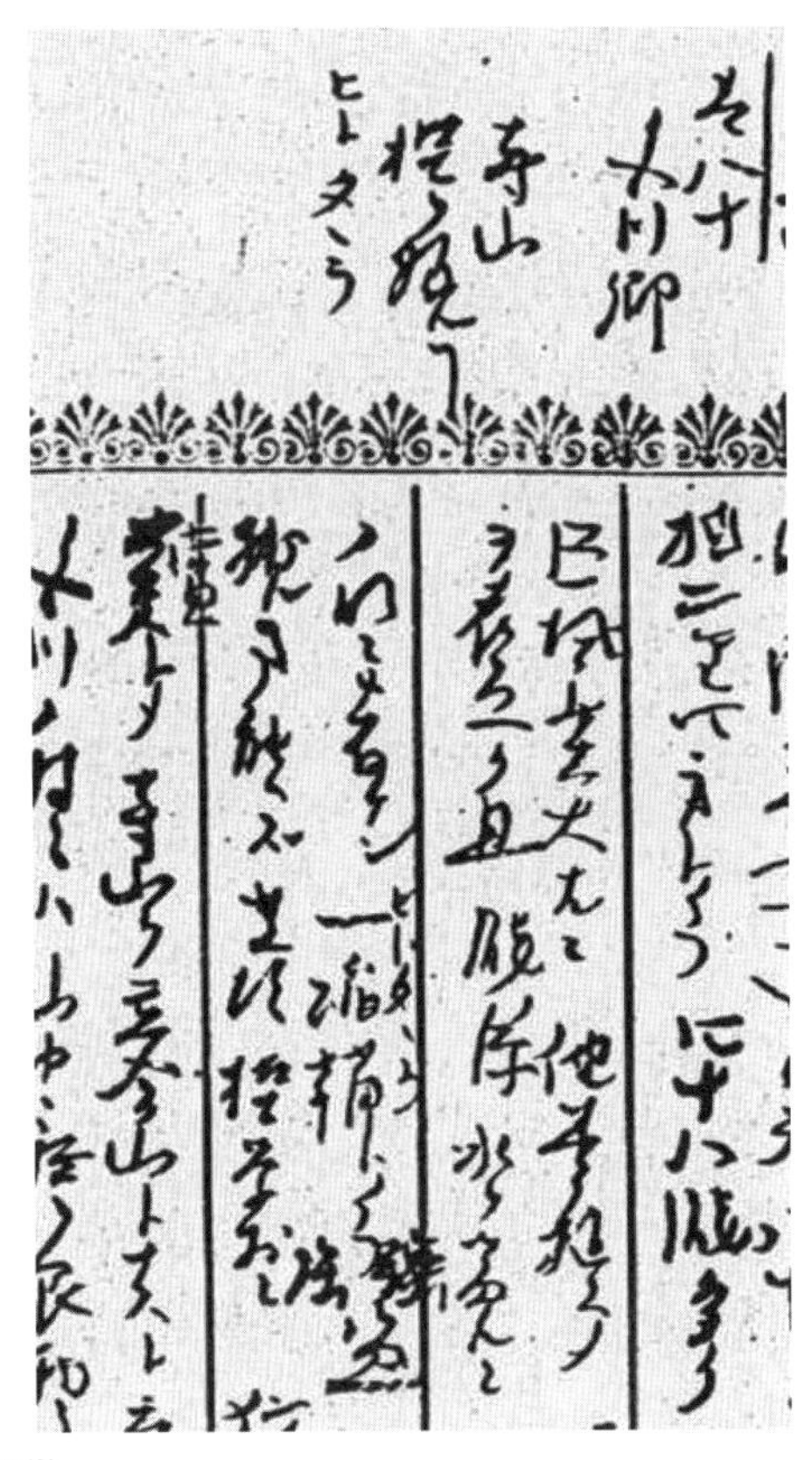

強盗一蹈鞴　『田辺抜書』15巻

『紀伊続風土記』第3輯は明治43年（1910）に和歌山県神職取締所の編纂になり、帝国地方行政学会出版部が刊行した。明治44年に柳田國男に宛てた手紙の中で引用した時は、まだ熊楠はこの本を持っておらず、毛利清雅から借用したのだった。つまり『田辺抜書』15巻に抄出したものを利用したのである。本書中に見えるヒトツダタラの記事を平易に改めて引用しておこう。「いづれの時にかありけん、一蹈鞴（ヒトタタラ）と呼ぶ強盗、この山中に栖みて、時々出でて神宝を盗み、社家を侵し、掠むる事、しばしばなれども、社家、是を捕らふる事あたはず。その頃、樫原村に狩場刑部左衛門といふ猛き男あり。社家、是を頼みて一蹈鞴を誅せしむ。その恩賞として寺山を立合山となすといふ。」

ここに見られるように、狩場刑部左衛門が退治した一蹈鞴なるものは、強盗であり、妖怪ではない。熊楠の考えでは、イッポンダタラのダタラというのは「大太郎」の意で、すなわちダイダラホウシ（ダイダラボッチ）とも根源は同じという。『紀伊続風土記』に記録されるヒトタタラは「唯一の大男」の意味で、これもまた同根と捉えていた。しかし、その一方で、「鶏に関する民俗と伝説」には、熊野の伝説として刑部左衛門のヒトツタタラ退治譚を紹介している。「熊野地方の伝説に、那智の妖怪一ツタタラはいつも寺僧を取り食らう。刑部左衛門これを討つ時、この怪鐘を頭に冒（かぶ）り戦うゆえ矢中（あた）らず、わずかに一筋を余す。刑部左衛門もはや矢尽きたりと言うて弓を抛げ出すと、鐘を脱ぎ捨て飛びかかるを、残る一箭で射殪（いたお）した。」（全集1）柳田國男に宛てた書簡の中で、強盗のヒトタタラは『紀伊続風土記』に「ヒトツタタラとも仮名ふれり」と記している。ところが、親本とした帝国地方行政学会出版部本では上の画像のように「一蹈鞴（ヒトタヽラ）」とある。また『田辺抜書』中でも「一蹈鞴（ヒトタヽラ）」と記している。これはどういうことだろうか。強盗ヒトタタラがヒトツタタラだと捉えていたのならば、妖怪ヒトツタタラとの関係や刑部左衛門が登場する理由など、どのように考えていたのだろうか。

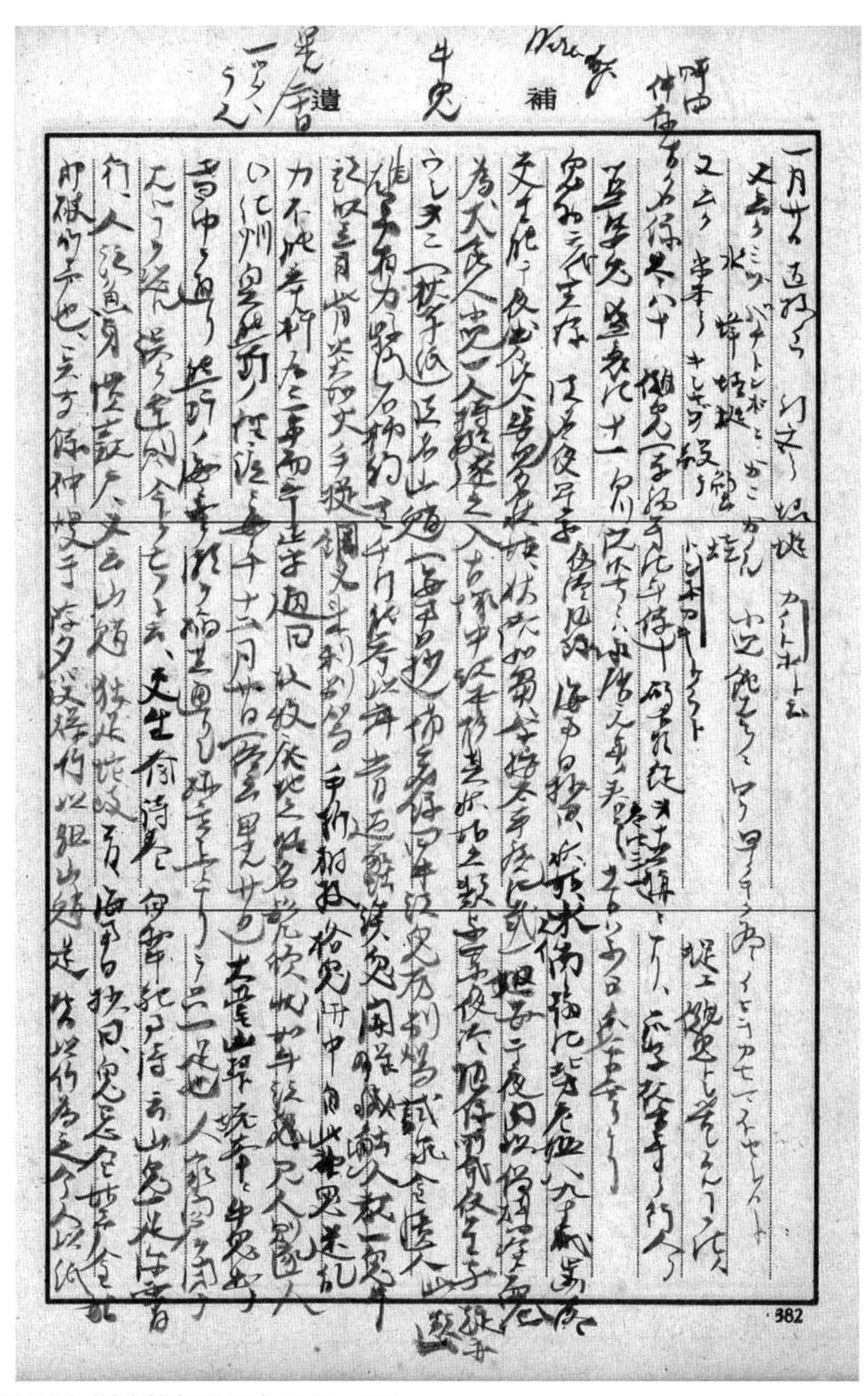

日記（昭和5年）（博文館当用日記）［自筆　285］

昭和5年度『日記』巻末記事。この年の1月20日、『古名録』巻80「儺鬼」「うしをに」などを抄出する。頭注に「Were - dog」「牛鬼」「一ツタ、ラ也」などと記されている。また「果ル二十日」ともあるが、これは紀州の民俗である。このように、日記の巻末は文献の抜書や見聞したことなど、雑多なことを記録することに利用していたようだ。翻字を示すと次の通り。「○紀州奥熊野の俚諺に毎年十二月二十日（俗云果る二十日）大臺山麓姥峯に牛鬼出て雪中を通り熊野の海に出て潮を蹈其通りし跡雪上にありて、只一足也人家門戸を閉て見ることを恐る誤て逢則命を亡ふと云、」

『田辺抜書』53巻［自筆　220］

大正8年の抜書資料。上図は近世中期の怪談集『太平百物語』巻2の栗鼠の話の部分にあたる。熊楠はこの説話を読み、中国の類書『太平広記』巻445の張鋌説話の翻案したものだと気付いた。熊楠は近世前期から中期にかけての怪談集を好んで読み、論考等に引用したが、その理由の一つは、このように中国説話と関係がありそうな類話を見付けやすいジャンルだったからということもあったのではないかと想像される。柳田國男は「怪談の研究」の中で「支那からは沢山有名な本が出来ているが、どうも嘘を書いたのが多くて困る。日本でもお伽書の出来た徳川の初期、四代将軍頃には種々の怪談本が出来たが、皆支那からの焼直しである。この焼直しは読んでみて誠に興味が少い。また一番鑑定しやすい。」と指摘している。柳田は近世怪談集のそういうところを嫌ったが、熊楠はむしろそれを好んだようである。

注記	原語	出典
鬼	apparition	Macademian Folklore
悪報ヲ齎ラス鬼	démon	Dictionnaire Infernal
鬼来リ学問ヲ助ケシコト	démon	Dictionnaire Infernal
鬼ヨリ受ル金ニセモノ	diable	Dictionnaire Infernal
三面ノ女鬼	diablesse	Dictionnaire Infernal
鬼	dwarf	Fairy Mythology
鬼ノ数ヲ知ル	Dwarf - people	Fairy Mythology
鬼	fairy	Fairy Mythology
鬼	ghosts of the dead	Faiths and folklore
鬼	grand esprit	Dictionnaire Infernal
鬼	kobold	Fairy Mythology
小鬼	petit peuple	Dictionnaire Infernal
鬼	sky - demon	Myths and songs from the south pacific
割礼ノ鬼	spectre	Dictionnaire Infernal
鬼弓マネスルヲ見改心ノコト	spectres	Dictionnaire Infernal
鬼	sprit	Choice Notes from Notes and Queries
鬼	troll	Fairy Mythology
藻ヲカブル鬼	water - spirit	Fairy Mythology

熊楠は、多くの文献から抜書をすることを日々続けていたが、それはそれらの文献が自分の蔵書ではないからであった。つまり余所から借り出したものだからである。自分の本については、もっぱら余白へ書入れを行っていた。その範囲は際限がなく、日本の古今の文献や漢籍、仏典は言うまでもなく、欧米の文献に亘る。それらの中に妖怪に関する書入れが散見され、それらを見ると、日・漢・仏・欧相互の類話の指摘や日本の妖怪名が多い。

たとえば「鬼」という呼称はどのようなヨーロッパ諸言語の語彙に使ったのか。いくつか示してみると上の表のような例が挙げられる。

このように、今日ではカタカナ語として一般に用いられるドワーフやコボルト、トロール、「幽霊」と訳されるApparition, Ghost, Spectre、「妖精」と訳されるFairyなども「鬼」とする。もっともこれは明治大正期においては他にも例のみられるものである。他にも英語のBrownie, Elf, Fairy-elf, Fada (phantom), Goblin, Phantom, Tangie (water-spirit), Pooka (evil spirit), Daoine Shi、ドイツ語のAlp (nightmare)、フランス語のDiablesse, Esprit, Fe, Fee, Lutin, Painajainen, Presser (nightmare)、ロシア語のIskrzycki, Vend, Vila、フィン語のPara (kobold),

* *Berg* signifies a larger eminence, mountain, hill; *Hög*, a height, hillock. The *Hög-folk* are Elves and musicians.

† The Danish peasantry in Wormius' time described the Nökke (Nikke) as a monster with a human head, that dwells both in fresh and salt water. When any one was drowned, they said, *Nökken tog ham bort* (the Nökke took him away); and when any drowned person was found with the nose red, they said the Nikke has sucked him: *Nikken har suet ham.*—Magnusen, Eddalære. Denmark being a country without any streams of magnitude, we meet in the Danske Folkesagn no legends of the Nökke; and in ballads, such as "The Power of the Harp," what in Sweden is ascribed to the Neck, is in Denmark imputed to the Havmand or Merman.

‡ The Neck is also believed to appear in the form of a complete horse, and can be made to work at the plough, if a bridle of a particular description be employed.—*Kalm's Vestgötha Resa.*

トマス・カイトリー『妖精の誕生』（1884年刊）Keightley, The Fairy Mythology［洋　376.18］

Tanttu（house-spirit）などに「鬼」という語を当てている。このような妖怪名彙の翻訳問題は、熊楠の妖怪の捉え方や研究と密接に関わってくることなので、今後の調査研究が俟たれる。

一方、和書にも随所に漢籍・仏典や諸外国に関する欧米文献から類例の指摘が見える。『徳川文芸類聚』四巻に収録された江戸時代の怪談集『万世百物語』に「此話　ベーリンググールドノ中世志怪十六葉ニモ出」とあって、ベアリング＝グールド“Curious myths of the middle ages”を注記している（64頁図参照）。

基本的に怪異・妖怪に関わる説話や名称の書入れは、日常的に世界的な文献を渉猟してきた所産といえるだろう。しかしそこにまた地元の事例をメモすることもあった。『百物語評判』の上部欄外に「高坊主　田辺ニテモイフ　又見越入道ト覚エタル老人モ有リシ」と記しているのは、その一例である（65頁図参照）。熊楠の知識欲に世界地図の国境は引かれていなかったことが窺われるだろう。

最後に右上のトマス・カイトリー『妖精の誕生』（一八八四年刊）の書入れについて少し詳しく説明し、本章を擱筆したい。

デンマークのオラウス・ウォルミウス（一五八八—一六五四）の時代の農夫はネッケ（Nökke）という淡水・海水どちらにも棲む水の精の姿を、人間の頭をもつモンスターとイメージしていた。そして人間が溺れると、ネッケがさらったものと考えた。また溺れた人の鼻が赤いと、ネッケが吸ったんだと考えた。この記述の傍らに、熊楠は「カッパノ如シ」と書入れている。これは日本において、肛門が開いた水死体があると、それは河童が尻子玉を抜いたからだと信じられたのと似ていると考えたのだろう。

もう一つ、ネック（Neck。ネッケに同じ）は完全な馬の姿をして現れるものと信じられていて、耕作の手伝いをしてくれるという。この事例に対して、熊楠は「河伯馬ト成ル」と書入れている。河伯とは川の神であり、川の精でもある。また近世から河童と同義としても使われる語である。しかし、上のように「カツパ」と表記しなかったのは、このネックの事例を河童よりは距離のある川の精霊・妖怪として認識したからだろう。また日本では河童と馬との関係は「河童駒引」の伝承でよく知られるところだが、遠いデンマークにも馬との関連性を見出し、興味を持ったのかも知れない。

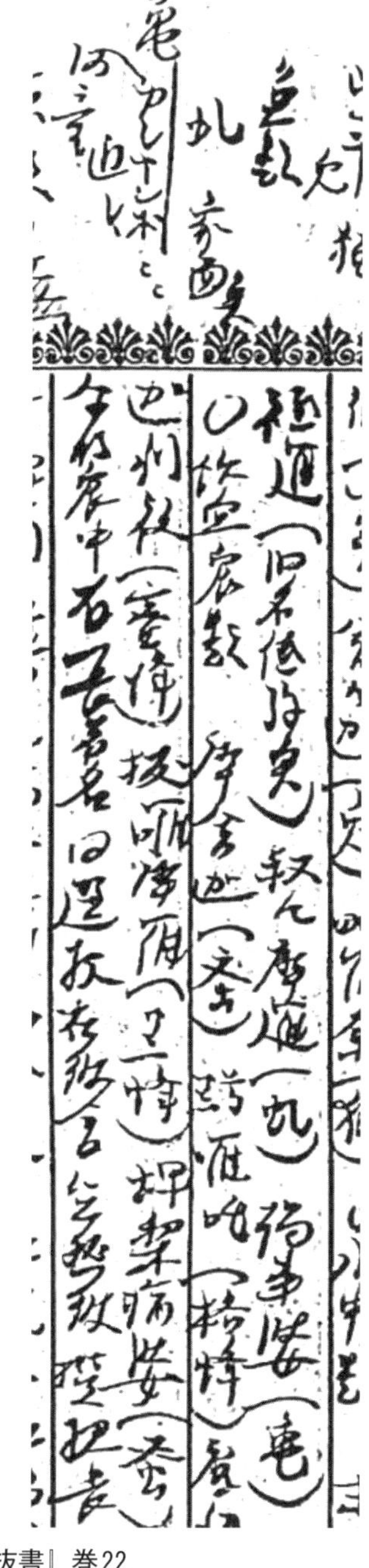

『田辺抜書』巻22

明治44年(1912)1月3日、熊楠は『大威徳陀羅尼経』という仏典を自宅近くの海蔵寺から借りて抄写した。その経文に「毘囉拏羯車婆亀」という一節がある。これを熊楠は「羯車婆（亀）」と改めた。さらに上部欄外に「亀カシヤンボ—河童ニ近シ、」と注している。

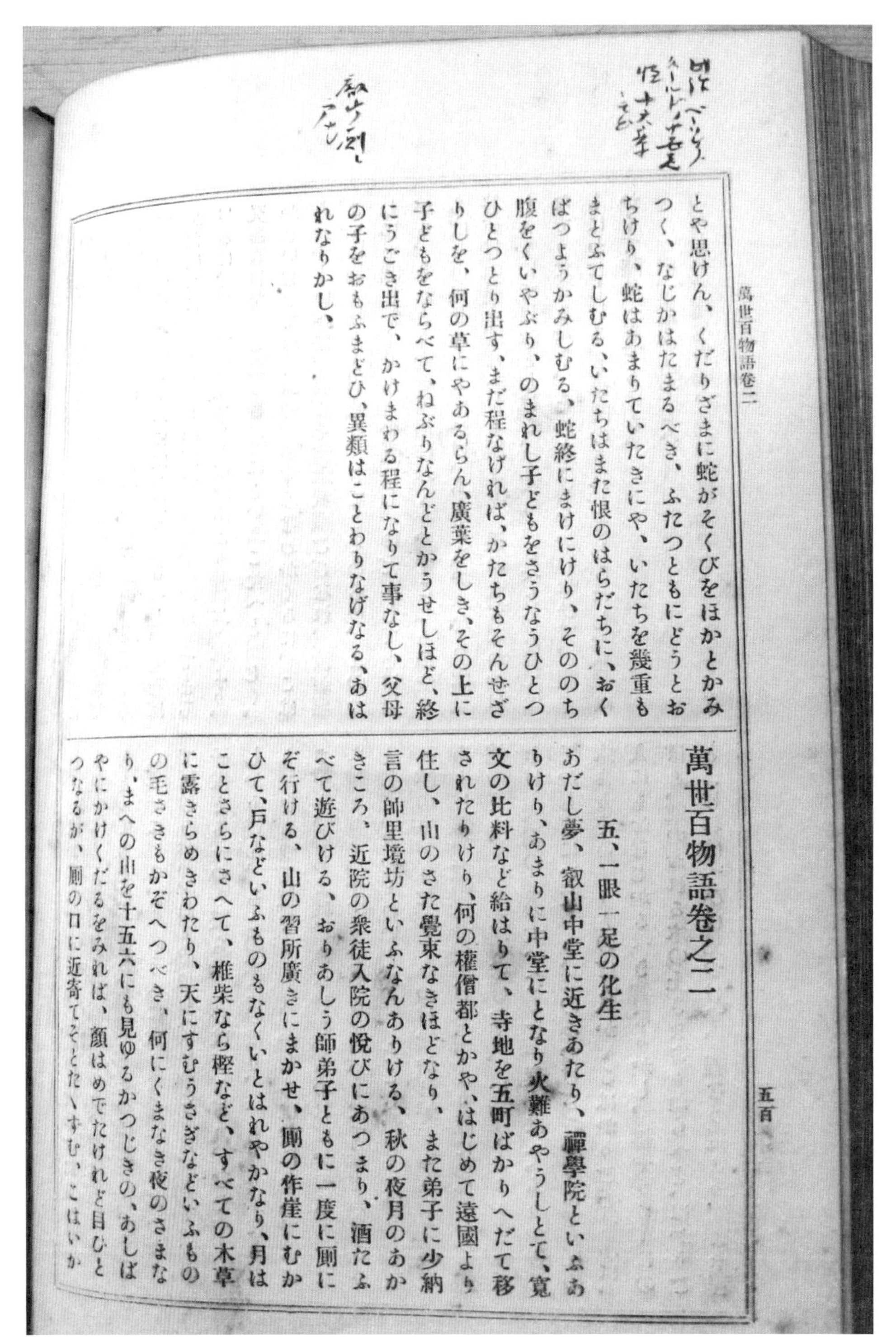

『万世百物語』『徳川文芸類聚』4巻所収［和　910.171］

江戸時代の怪談集『万世百物語』に「此話　ベーリンググールドノ中世志怪十六葉ニモ出」と記されている。

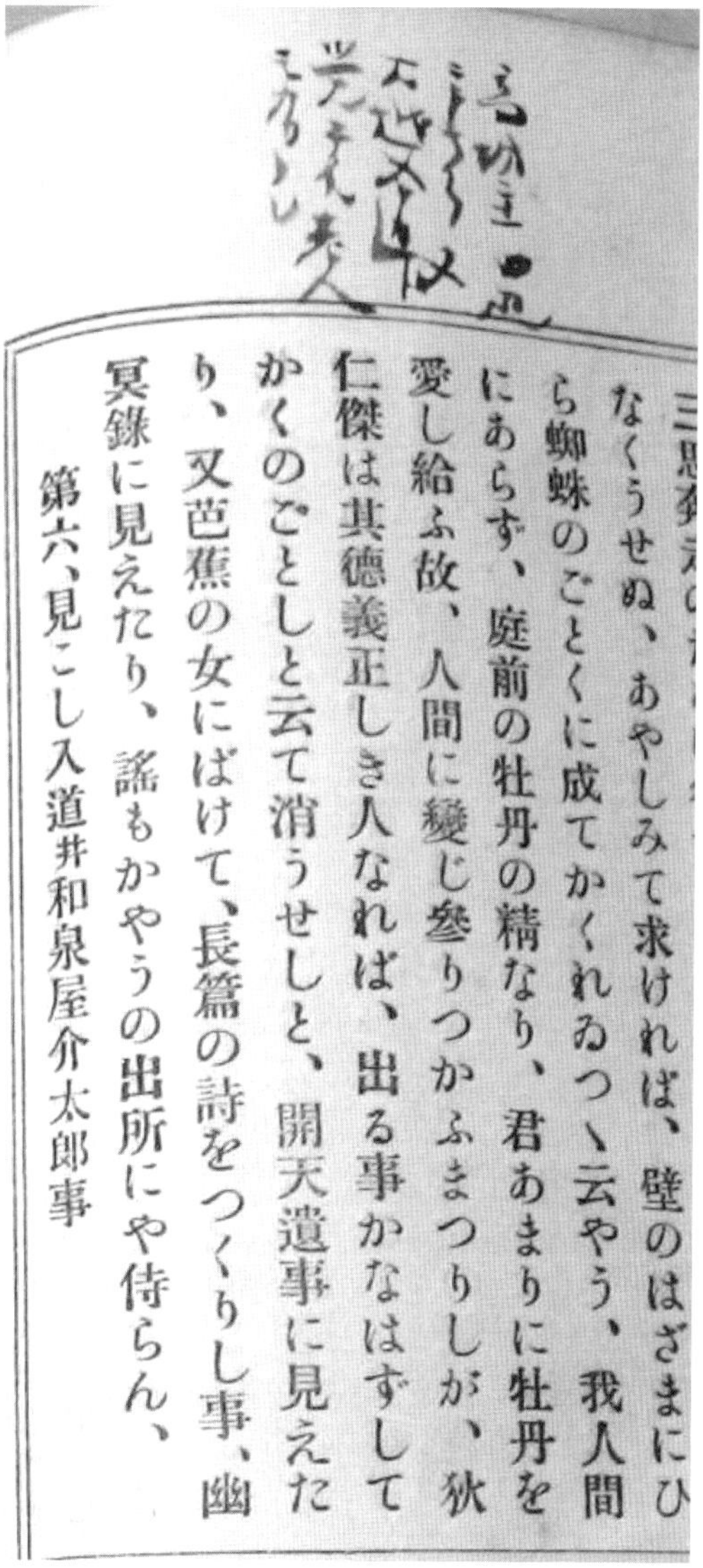

高坊主　田辺ニテモイフ　又見越入道ト覚エタル老人モ有リシ

三思[illegible]なくうせぬ、あやしみて求ければ、壁のはざまにひら蜘蛛のごとくに成てかくれゐつゝ云やう、我人間にあらず、庭前の牡丹の精なり、君あまりに牡丹を愛し給ふ故、人間に變じ參りつかふまつりしが、狄仁傑は其德義正しき人なれば、出る事かなはずしてかくのごとしと云て消うせしと、開天遺事に見えたり、又芭蕉の女にばけて、長篇の詩をつくりし事、幽冥錄に見えたり、謠もかやうの出所にや侍らん、

第六、見こし入道并和泉屋介太郎事

『百物語評判』『徳川文芸類聚』4巻［和　910.171］

上部欄外に「高坊主　田辺ニテモイフ　又見越入道ト覚エタル老人モ有リシ」と記されている。本書1巻第6話「見こし入道并びに和泉屋介太郎の事」は京都の四条大宮あたりの辻に現れた見越し入道の目撃談である。姿は「三かさ余りなる坊主」で、後ろから覆ってきたという。見越し入道は又の名を高坊主と昔から言い慣わしており、出現場所は野原や墓ではなく、人里の辻や軒下の石橋ということだ。熊楠によると、和歌山県田辺ではこれを高坊主ともいうが、見越し入道という別名を憶えている老人もいるというから、高坊主と通常は呼んでいたようである。

南方熊楠の「科学する眼」と怪異・妖怪

—科学の目で見る民間伝承—

飯倉義之

1　妖怪の〝正体〟を考える

一九九〇年代以降、妖怪が小説やマンガ、アニメ、ゲーム等のエンターテインメントの分野で題材にされ、しばしばブームとなっている。直近ではレベルファイブ制作のゲーム「妖怪ウォッチ」（二〇一三）だろうか。広く知られるようになった分、講演などで民俗学の立場から妖怪を話題にする機会も自然と増えた。そのような折によく受ける、そして回答が難しい質問がある。「妖怪の〝正体〟って何ですか?」というものがそれだ。なぜ答えに詰まってしまうのか。実は民俗学は「そこに妖怪が出ると皆が信じ、伝えてきた理由」を主に考える学問であり、「妖怪とされた現象や存在の正体」についてはよく言えば禁欲的、悪く言えば無頓着であるからだ。ぶっちゃけた話、多くの民俗学者にとっては〝正体〟なぞ何でも構わないし、〝正体〟に当たるものなど存在しなくても支障ないのだ。

しかし南方熊楠は違う。熊楠はしばしば、怪異・妖怪の〝正体〟を自然科学の知識を用いて合理的に解釈する。熊楠のこうした二方向からの分析は、膨大な読書と書き抜きを基として得た世界各地の習俗・伝承・神話の知識と、植物採集により鍛えられた冷静な観察眼を基とする自然科学の知識とを併せ持つ、文理両道の本領発揮といえる。

まずは、熊楠が怪異・妖怪伝承を自然科学の目からどのようにとらえたかを整理しよう。熊楠は怪異・妖怪について以下のような見解を述べている。

幽霊や幻想のごとき居たって事実と遠ざかったものすら、多方に推理して研究を怠らぬ世の中に、捉うべき事実なければとて、異った所で多くの人が伝襲しおるものを、度外におくべきではないと思う。よって動物心理の上よりと、人間世態の上よりと、箇人想像の上よりと三様に、自分も、また多分は現存する何人も、少しも事実を捉え得ざる千疋狼の話の起源を考察して上のごとく述べた。この三様の考察のいずれが果たしてその起源を言いあておるか、三様に考えた熊楠自身も判断し能わず。（「千疋

狼」一九三〇年、平凡社『南方熊楠全集』（以下『全集』）四、三五九頁）

この文章で熊楠は、狼の群れが何匹も肩車をして樹上の人間を襲うという「千疋狼」の〝正体〟を、①自然現象（熊楠のことばでは「動物心理」）・②錯覚と思いこみ（同じく「箇人想像」）・③人間の作為や習俗（「人間世態」）の三方面から分析し、その「起源」を探ろうとしている。この熊楠の思考を、もう少し細かくたどっていこう。

2　①妖怪は自然現象である！

まず一つ目の「自然現象（「動物心理」）」は、怪異・妖怪の〝正体〟を「珍しい自然現象」だとする説明だ。一見奇異に見える現象や物品でありながら、動植物の生態や人体の生理、気象現象や化学変化などで説明がつけられる事象だといえる。

例えば、山中の立木に生える正体不明の長く黒い糸状のもの「山姥の髪の毛」と呼び、信仰の対象としてきたことについて、実際に採集・観察したうえでホウライタケ属やナラタケ属などが作る「根状菌糸束」と呼ばれる、ひも状になったキノコの菌糸の束だと断定する（「山姥の髪の毛」一九一四年、『全集』二、五三五頁）。

根状菌糸束

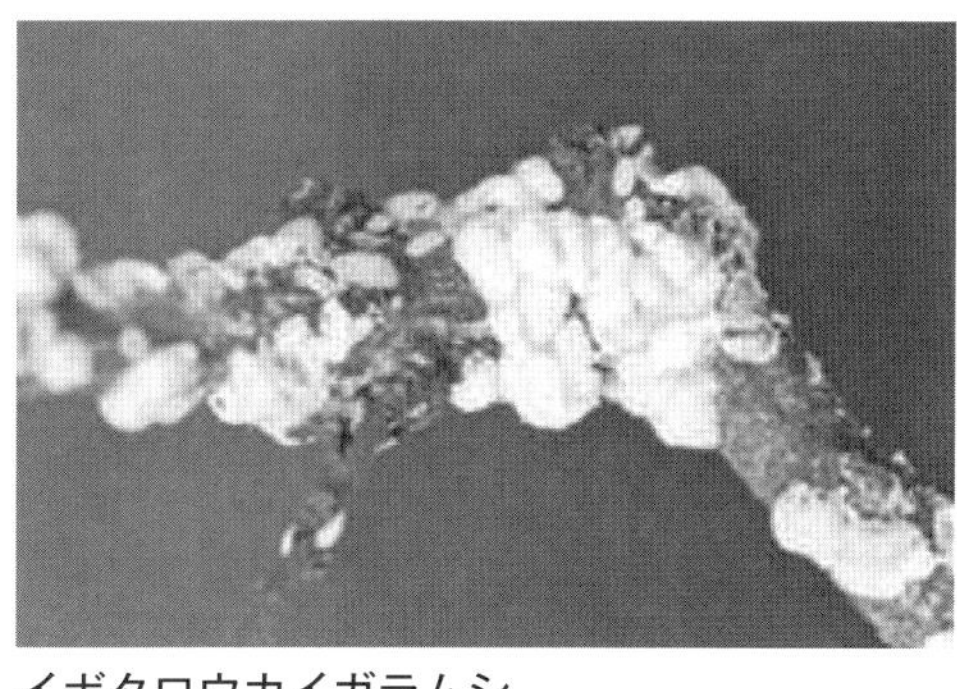

イボタロウカイガラムシ

糸我峠

　さらに、木の枝に白く光沢のある付着物がはびこる現象を「山の神の小便（もしくは「山姥の小便」）」と称して、奇異なものとして見てきた伝承を、それはイボタロウカイガラムシという虫が分泌するロウが付着したものだと解説する（「山神の小便」一九一四年、『全集』二、五四五頁）。一見奇怪に見える現象も、自然界の生物のなせる技だと看破しているのである。

　また熊野で伝承されている「ダル」「ダリ」「ヒダルガミ」「餓鬼」などと呼ばれる妖怪（死霊）は山中で餓死した者の怨霊で、人に取り憑いて空腹にさせ死に導く、ただし米粒などを食べると回復するという。熊楠はこれを自身の体験から「山中での疲労によって脳貧血を起こしたにすぎない」と一喝し、「それより後は里人の教えに随い、必ず握り飯と香の物を携え、その萌（きざ）しある時は少し食うてその防ぎとした」と、回避策まで挙げている（「ひだる神」一九二六年、『全集』三、五六七頁）。なお、ここで熊楠がいう脳貧血は、現在の医学で言う低血糖発作（疲労や空腹等により血中の糖分比率が低下して起こる症状、ハンガーノックとも）による脱力感・めまい・失神等と思われる。また和歌山大学教授の中島敦司氏より、窪地に滞留した二酸化炭素中毒も同様の症状を起こし、原因の一つと考えられるとのご教示もいただいた。その原因をどちらにとるとしても、人知を超えた怪異・妖怪の仕業と考えられた現象を、人体の生理現象として理解する言説である。

　さらに「田辺町の第一小学校や寺の木製の天井板に、人の手形や足形が浮き出てきた」という風聞には、老練の大工へ取材して、大工が施工中に素手や素足でうっかり触れてしまった箇所に手足の脂が移って、そこだけコーティングされたようになって風化が遅れ、手足の形が浮き上がるだとことがあるのだと論破している（「幽霊の手足印」一九一五年、『全集』二、三〇二頁）。また寺社などに夜、不思議な光が灯る怪火・龍燈の類は、ヨーロッパで帆船のマストに灯る怪火として知られる「エルモ尊者（セント・エルモ）の火」のメカニズムと同じく、木の枝と枝やマストと帆柱や縄が擦れて発される「摩擦電気（今の言葉では静電気）」であると指摘する（「竜燈について」一九一五年、『全集』二、二〇四頁）。怪異・妖怪としか思われないような不可思議な現象が、自然科学の見地から説明のつく、珍しいが、不思議ではない現象であることと、そのメカニズムとを的確に解説しているのである。

熊楠は怪異・妖怪伝承の一部は「自然科学においては確認済の事実を、多くの人が知らなかったがために不思議がっていたにすぎない事象」だと説明する。現代の自然科学の知見とも合致するすぐれた見解を、熊楠は早くに発信していたのである。

3　②妖怪は錯覚と思いこみである！

〝正体〟の二つ目は、不思議な現象や存在そのものが、目撃者の事実誤認や、先行する伝承に引っ張られての思いこみであったとする論（「箇人想像」）である。

ある人が、夜も暮れて田辺の町はずれのつぶり坂（熊楠は「礫山（つぶりやま）」と表記）を通ったところ、その上の二つ池に身を投げた真っ白な着物を着た女の幽霊が宙を飛んで池に降りるのを見たとか、また同じく田辺の町はずれの会津川沿いの小泉の堤を夕暮れに歩いていた人が、川に身を投げた真っ白な着物を着た女の幽霊が、羽ばたきながら追いかけてくるのに遭遇したと語った。それを聞いた熊楠は「あの辺りは鷺が多いから、夜、いわくつきの場所を不気味に思って歩いていたために、白い鳥の飛ぶのを見間違えただけじゃろう」と断定している（「鳥を食うて王になった話」一九二一年、『全集』六、三二四頁）。実際、現在では市街地の拡大により決して町はずれのさみしい場所ではなくなった両所であるが、現在でもサギ類の鳥がゆうゆうと棲息しているのを確認できた。薄暗がりに悪い噂のある場所――現代で言う「心霊スポット」――を歩いていた人が、白い鳥が飛んだのを幽霊と錯覚するのはありえないことではないだろう。

他に熊楠は「リスは魔物であり、殺すと殺した分だけつぎつぎ現われる」という山村の俗信を、リスが山の動物のために山伏としてふるまって占いをする筋書きの昔話（関敬吾ほか編『日本昔話大成』（全一二巻、角川書店、一九七八～八〇）では「狸の占」として整理されている昔話）を引用し、「リスは両手で物をつかむとき、宗教

現在の田辺第一小学校写真

現在の二つ池

現在の小泉堤

者の山伏にも似た拝むような仕草を取ることが不思議と思われた」「同種が殺されると確認のため様子を見に来る習性がある動物がいる。リスもその一種だと考えられる」と説き、「リスは殺すと増える説」を、人間がリスの習性を誤解したのだと説明した（「蛇に関する民俗と伝説」一九一七年、『全集』一、二一一頁ほか）。

また「スッポンは生命力が強いため、体をバラバラにしてその肉片にスベリヒユの汁を加え、それを池に撒くとその肉片が一つ残らずスッポンに再生する」という、スッポン無限培養のような古代中国の俗信について熊楠は、「タガメという昆虫は小さなスッポンのように見えるし、肉食である。タガメがたくさんいる池に肉が撒かれ、肉に群がるタガメの様子があたかも肉がスッポンに化したように見えたのだろう。こういう思い込みで俗信ができたのだ」と説明している（「虻と蜂に関するフォークロア」一八九八年、『南方熊楠英文論考』［ノーツ　アンド　クエリーズ］誌篇、集英社、二〇一四、九二頁）。さらに「ウサギは交尾することなく月を見て孕み、口から子を吐く」という中国の古文献の説、「ウサギは雌雄同体である」という古代ギリシアの説を共にウサギの雌雄が性器では見分けがたいことからの誤認であると指摘する（「兎に関する民俗と伝説」一九一五年、『全集』一、六九頁）など、熊楠は人間はなんでもない普通のことを恐怖心で誤解し、あるいは文献で習った伝承の知識を当てはめて錯覚し、怪異・妖怪を誤認してしまうと論じた。

①自然現象（「動物心理」）と②錯覚と思いこみ（「箇人想像」）の差異は、①が「自然科学の知識に照らし合わせて実際に起きている正確な現象であるにも関わらず、人間の側がそれを不可思議な現象であると認識してしまうこと」であるのに対し、②は「自然科学の知識に照らし合わせれば実際には起きていない不整合なことを、人間の側が誤って理解して不可思議な現象であると認識してしまう」という受容する人間の側の認識の差と、そこから派生していく説話について熊楠は注目していたのだろう。この①と②は「人間が外界をいかに認識し、誤解して文化の中に取り入れているのか」という点で共通するものだった。しかし第三の指摘は全く違うベクトルの〝正体〟である。

4　③妖怪は人間である！

〝正体〟の三つ目は、そうした怪異・妖怪は、人間の作為的な行為や、現在は廃れてしまった風習や信仰が誤解され伝えられたもの（「人間世態」）とする考察である。

熊楠は深山に出現する「山男」を「人里を避けて山中で、獣の皮をまとって生活していた者を、里の人が妖怪だと思いこんだだけだ」と論じ、「一向世事に構わず里を離れて山に住む者を山男と言うなら、脱檻囚や半狂人の山男は今日も多々あるべし」（「諸君のいわゆる山男」一九一七年、『全集』二、五六二頁）と、山中に自らの意志で隠れ住んだ人間をその〝正体〟としている。

また木の上で夜を明かそうとしていた旅人を、狼が人語を話して肩車し合い襲おうとし、一匹足りなかったので「何某の婆を呼んで来い」と人語したとする「千匹狼」の説話については「差し当たり人か猴(さる)かの外にできそうもなき肩馬を組み、また某の婆を呼び来たるべしと人語したという。……（中略）……これらは兇人が秘密に結党して巧みに獣装し、悪事を遂行したと釈かねばならぬ」とし、「アフリカのブーフィマ秘教徒や、メラネシアのズクズク等の諸秘団に至っては、あるいは豹、鱷等に、あるいは怪鬼に身を作って、暗殺、略奪、脅迫、押領等の諸悪を做(な)す。」と実例を挙げて「本邦諸方に伝わった千匹狼とその類話も、むかし獣装して兇行する多少の団体があった痕跡が残ったものだ」と断定し、さらには人間や神が動物や鬼に変身したという逸話や、人狼などの獣人化の民間信仰、人間と異類の結婚を語る異類婚姻譚なども、このような獣身への変装の習俗と関係すると述べる（「千匹狼」一九三〇年、『全集』四、三五一〜三五八頁）。

また熊楠は、前節で静電気による発光現象であると〝正体〟を突き止めた怪火「龍燈」について、それが詐術でも行われたと説き直す。龍燈はよく社寺に灯ると伝承されている。例えば国際日本文化研究センターの公開する「怪異・妖怪伝承データベース」（http://www.nichibun.ac.jp/youkaidb/）に収録されている「龍燈（竜燈・竜灯）」四二事例のうち、龍燈が社寺と関連している事例は三〇を数える。龍燈は社寺と関連が深い伝承だといえる。この原因を熊楠は、龍燈は静電気が原因で自然に発生する珍しい現象であったが、それを民衆

山男　『怪物画本』（明治14年〈1881〉刊）

がありがたがるため、後世には龍燈さえあれば有り難がられると思った坊主が民衆教化のためにトリック――「その辺に人が忍びおって、何かの方法で高い所へ燈を点じ素早く隠れ去ったのらしい」――を使って出現されるに至ったのだと断定する（「龍燈について」一九一五年、『全集』二、一九五〜二二二頁）。いずれも怪異・妖怪の〝正体〟を人間の行動に求める考察である。

怪異・妖怪の背景に何らかの〝正体〟を求める熊楠の姿勢は一貫している。そこの根底は以下のような文章から読み取れる、熊楠の徹底した思考の方法がある。

> 一見荒唐無稽なこうした処方も、その根底にはある種の真実があって、識者により科学的説明が与えられる可能性はあると私は思っている（「石、真珠、骨が増えるとされること」一九一三年、『南方熊楠英文論考』［ネイチャー］誌篇、集英社、二〇〇五、三四三頁）。

諸国の俗伝にちょっと聞くとまことに詰まらぬこと多くあるを迷信だと一言して顧みぬ人が多いが、何の分別もなく他を迷信と蔑む

自身も一種の迷信者たるを免れぬ。したがって古来の伝説や俗信には間違いながらもそれぞれ根拠あり、注意して調査すると感興あり利益ある種々の学術材料を見出しうる（「虎に関する史話と伝説、民俗」一九一四年、『全集』一、三九頁）。

熊楠の方法とは、学者や学界が荒唐無稽で野卑な俗伝、つまらぬ迷信として目を向けようとしない事象を取り上げ、その背景には自然科学で説明しうる現象や古代の信仰や習俗が息づいていること、つまりはこの世界のありとあらゆる事象から「感興あり利益ある種々の学術材料を見出しうる」ことを説き、自ら実践することに他ならないといえる。

5　それはミツバチから始まった

熊楠の怪異・妖怪研究を支えるのは、徹底した自然科学的な「観察」と「実験」の姿勢である。あるとき熊楠の田辺の寓居（現在の和歌山県田辺市の南方熊楠顕彰館）に珍事が勃発する。

夜になると通行人たちが「隣家の庭のマサキの木のてっぺんに怪火が出る！」と騒ぎ始めるようになったのだ。ここからの熊楠の行動は早い。通行人に見えているものは何か、妻・松枝を観測者として配置して測定し、自室の顕微鏡観察のための光源が、隣家の木に反射して怪火のように見えていたことを突き止める（「龍燈について」一九一五年、『全集』二、二一〇頁）。

他にも熊楠は蛇と亀が交尾して子をなすという中国の古伝承を「七年前の夏、予の宅に亀を飼いし池辺の垣下より、一蛇舌を出し、しきりに亀に近づかんとするを、予竹竿もて撲殺せしことあり。その何のためたりしを知るに由なきも、蛇と亀多き地には、蛇が亀を纏いにかかるぐらいのこと絶無と謂うべからず」（「四神と十二獣について」一九一九年、『全集』二、一五四頁）。と、自身の経験をもって誤解の可能性を指摘し、蟹が傷ついた仲間の手当てをするという俗説に対しては「予、かつて那智山に住んだとき、蟹がワサビの芽を噛んで損害おびただしきより、小石を飛ばして蟹を傷つけるごとに他の蟹が来たってこれを運び去る。奇特の志と徐(しず)かにその側に近づき詳らかに観るに、健やかな蟹が傷ついた奴を開放するとは思いきや、全くその創口から出る旨い汁を吸うのであった」（「状況日記」一九二二年四月二三日、『全集』一〇、九一頁）と、自身の観察から否定している。

怪異・妖怪を自然科学の知見から再検討して合理的に判断するという、熊楠の学問的姿勢は、熊楠のロンドン時代の経験に根差している。熊楠が論文を多数投稿していた学術雑誌『ネイチャー』誌上で知己を得たのが、帝政ロシアの老貴族・元外交官で好学家のカール・ロバート・オステン＝サッケン男爵（一八二八～一九〇六）であった。オステン＝サッケンは昆虫学の碩学として知られ、当

オステン＝サッケン（C. R. Osten-Sacken）

時「ブーゴニア」という伝承についての知見を広く『ネイチャー』誌上で求めていた。「ブーゴニア」とは「牛から生まれること」という意味のギリシア語で、ミツバチは牛の死肉から自然発生するという古代ローマの伝承の真偽をオステン＝サッケンは求めていた。この問いかけに熊楠は、ミツバチとよく似た姿で死肉を食うハナアブが牛の死体に群がっていたのを誤認したのではないかとの応答を行い、熊楠とオステン＝サッケンは親しく書簡をやり取りするようになった。最終的にオステン＝サッケンは「ブーゴニア＝ハナアブ誤認説」を、熊楠からの情報だとして自著で紹介した（詳細は『南方熊楠英文論考』［ネイチャー］誌篇参照）。自然科学の視点から民間伝承を見つめ直す手法が有効であることを、熊楠はオステン＝サッケンとのやり取りで実感したといえる。それはミツバチから始まったのだ。

6　熊楠妖怪研究のオリジナリティー

以上述べてきたように、熊楠の妖怪研究の方法は、自然観察経験の蓄積を基としてその〝正体〟を推定するいとなみである。熊楠は徹底した資料収集と対象観察から、すべての怪異・妖怪の〝正体〟をを同定しうると考えていたはずだ。怪異・妖怪の伝承の大元となる「原点（オリジン）」に到達することこそ、熊楠の妖怪研究の目標であったといえるだろう。

そのため熊楠は怪異・妖怪の〝実物〟を重視する。その例として熊楠の遺した資料の一つ「雄鶏が産んだ卵」を挙げうる。熊楠の息子の熊弥が子どもの時分のこと。熊弥は庭の雄鶏がずっと同じ所にうずくまっていることを不思議に思い、その後を探して小さい卵を見つけた。熊楠はこれを「雄鶏が産んだ卵の実例だ」として、大事に保存したのである。

熊楠が「雄鶏の生んだ卵」に注目した理由は、西洋の伝承上の怪物「コカトリス」や「バジリスク」と関係する。雄鶏が産んだ卵をヘビやカエルが温めて孵すと、毒をまき散らす化け鶏であるコカトリスや化けトカゲであるバジリスクが産まれるという伝承である。遺された蔵書から、熊楠が両者の知識を外国の書物を通じて得ていたことが確認できる。ここから熊楠は、身近で起きた「雄鶏が卵を産んだ」という事例を重視したのである。

もちろん熊楠は、化け鶏や化けトカゲをそのまま信じているわけではない。しかし伝承が生まれる素地に「雄鶏が卵を産むことがある」という事実があることの証拠として、この卵に注目したのだろう。この卵はおそらく、雌鶏の体内で黄身が発育不全となり、通常の大きさまで発達しないまま排出されたものである。雄鶏が産んだわけではない。しかし熊楠はそういった小さな卵が現実に存在するということに注目し、それが伝承の〝正体〟になったと考えた。この考え方こそが、熊楠の妖怪研究のオリジナリティーだといえる。

ニワトリの産んだ卵

熊楠は観察と実験とを基にする自身の方法を、同時代に妖怪を研究していた、妖怪学を提唱した仏教哲学者である井上円了や、官僚出身で日本民俗学の父である柳田國男らにはできないことだと自負していた節がある。例えば次のような文言である。

原因、理由、結果など科学者がいつも用いる語で、近ごろ我が邦に勃興しかけた民俗学を講ずる人々も、このことの理由はどうの、かのことの原因はどうのと論争する。なるほど事物ことごとく原因、結果がないのはないが、一つの原因から多くの結果を生じ、多くの因縁が相集まって一つの結果を出すが多いから、浅い人間の智慧で一々確からしく明言すると、大間違いが起こる（「陰毛を禁厭に用うる話」初出一九一三、『全集』三、二五八頁）。

かく、あるいは何の話も理屈や教訓を具えたように故事付けたり、あるいは出まかせ放題思い付き次第に、伝説はみな言語の誤解や意味の忘却から生じたように、謎を解くごとく釈かんとする

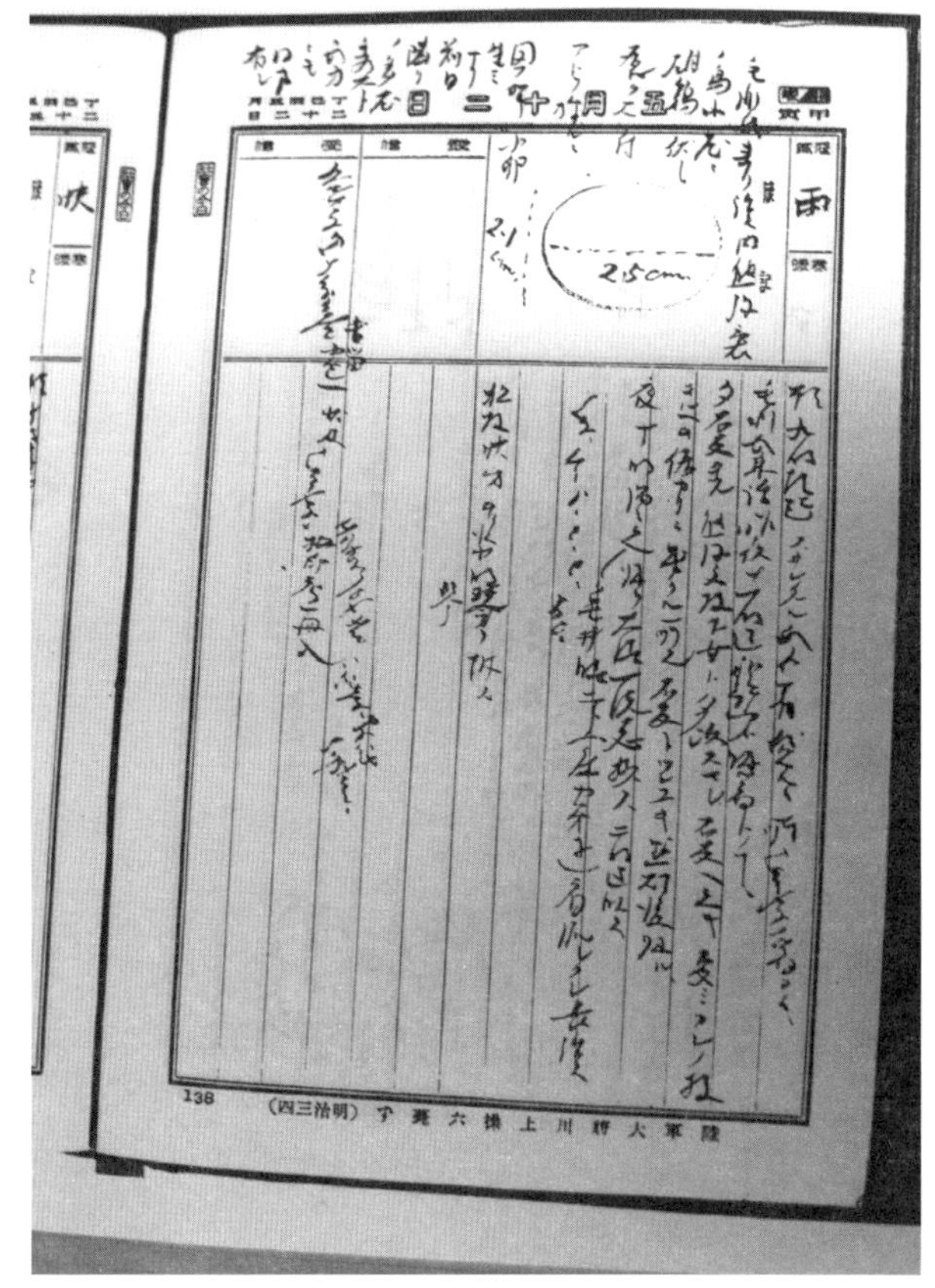

熊楠日記　大正6年（1947）5月12日の条

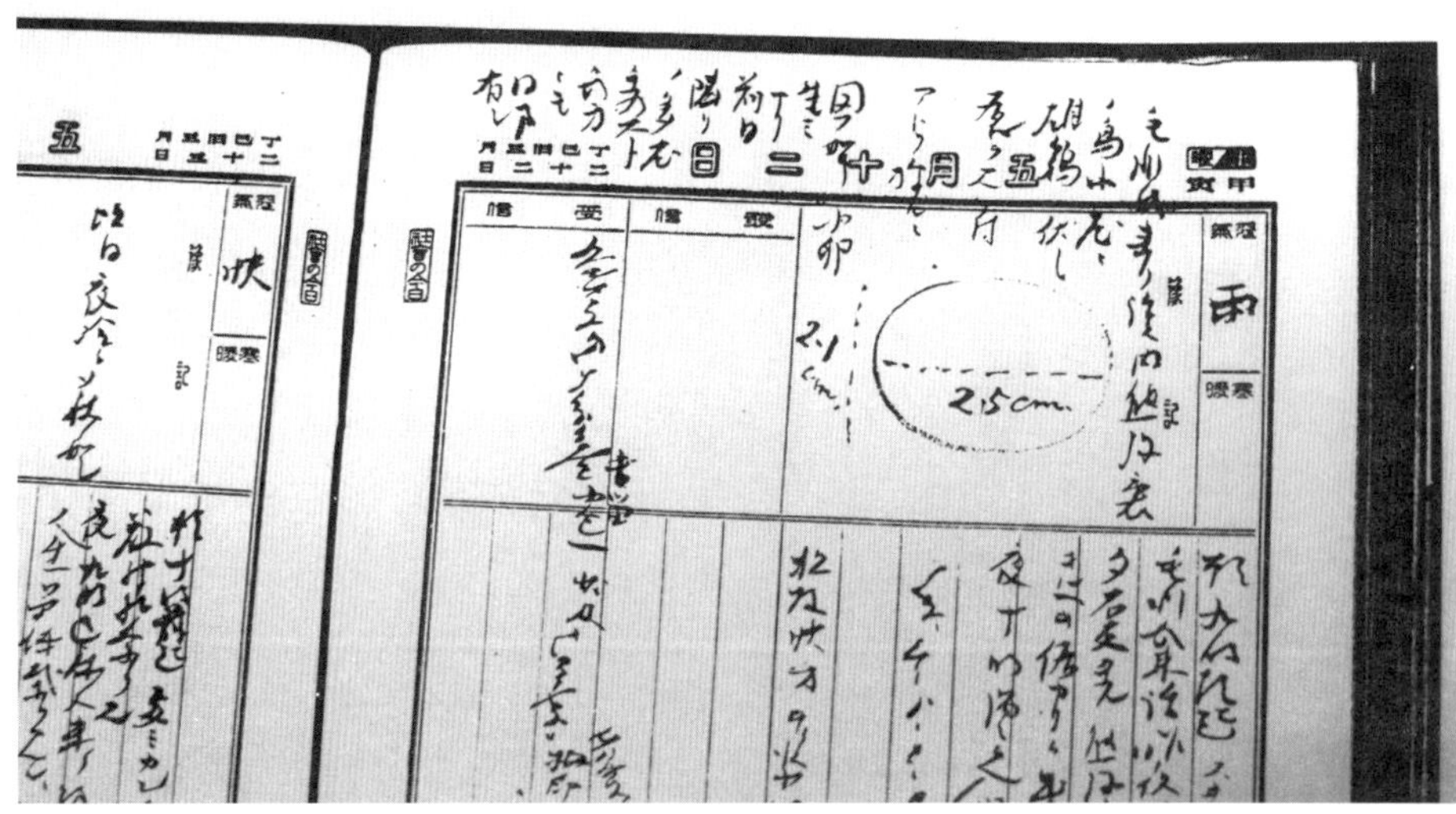

熊楠日記　同日「予記」欄

は、いずれも確かな方法でない。よって近年科学の勃興に伴い種々攷究して、伝説俚談必ずしもことごとく教訓のために作られず、また語彙の忘却誤解よりのみ生ぜず、実は今日いかにも不合理不自然と思わるる伝説も、実はむかしの人間が多年事物を観察して、これなら理におうておると合点し得た知識と思想を述べたもので、その今日の人間に了解され難きは、当年の人々が見聞して常事とした件々が、現時地を掃うて世間に跡を留めざるに因ると解く学者が多いが、これがもっともその真髄を得た説と惟う（「酒泉等の話」初出一九一七、『全集』五、四四八頁）。

熊楠の怪異・妖怪研究は、その自然科学の知見からその発生原因を推定し、万巻の書籍から得た世界中の説話・伝承・信仰・習俗に類似の物を見出して比較することにより解き明かすという姿勢が貫かれている。同時代に妖怪を研究した学者たち、例えば妖怪学の井上円了ならば「それは昔から伝わっているお話で、嘘ですよ」で終わりにしてしまう。また民俗学の柳田國男ならば、そのような伝承がどのような宗教性や土地の文化から生まれ、どうのように変化してきたかに注目する。

そのような円了や柳田の妖怪研究に対し、熊楠は「何で原因に意味が無いと決め付け、その後の変化ばかりを追うのだ。最初に何があったのかが大事だろう。そこを追いかけていくのが学問の真髄であるはずだ」と考えていたのではないか。

しかしこうした熊楠の妖怪研究は、後世に受け継がれたとはいいがたい。近代化の進行につれ学問は細分化し、熊楠のような伝承と自然科学を自在に紐解く学問態度を受け止めきれなくなっていく。例えば『ネイチャー』も、熊楠のよく言えば包括的な、悪く言えば大雑把な投稿を掲載しなくなる。近代において学問は、連想による広がりを排し、理知による精緻化を目指したのである。より精緻な実証を求めるアカデミズムが、熊楠を受け止められなくなっていくのだ。

しかし怪異・妖怪という領域は所詮、人間の冷徹な理知で割り切れるものではない。自然科学の不思議や人間の不可思議を複雑微妙に絡まると見る熊楠の怪異・妖怪研究は、再び読み直されなくてはならないだろう。

熊楠妖怪名彙

〈凡例〉

本名彙はあくまで主要な記述を抜き出したものである。

論考全体が当該妖怪に関するものである場合は、タイトルを掲げるにとどめる。ただし、一部引用したものもある。

本文の末尾に出典を示した。ページが二ページ以上の場合は最初のページを示す。

『南方熊楠全集』1～10（平凡社）

例1-1（第1巻1ページ）

『南方熊楠日記』1～4（八坂書房）

例日記1-1（第1巻1ページ）

日本の文献の引用文・要約文は省略する。

例「『北越雪譜』に（中略）山中で天狗を天狗と呼ばず高様（たかさま）と言った。」1-6

動物を妖怪としてでなく、生物として記述する場合は省略する。

例「狸は日本でもっぱら「たぬき」と訓（よ）ますが、支那では「たぬき」の外に学名フェリス・ヴィヴェリナ、フェリス・マヌル等の野猫をも狸と呼ぶ。」1-6

南方熊楠は民俗学のうちでも、特に信仰や民間説話について種々の論考を書いている。妖怪については直接テーマとすることはあまりないが、論考中に言及することは少なくなかった。では妖怪をどのように取り上げてきたのか。国の内外の文献資料、見聞した民俗事例を主とするが、どのようなものがあったのか。基本的なデータを提示していきたい。

なお、ここで使用した文献はいずれも公刊されているものである。実は熊楠の蔵書には書入れが多く見出される。たとえばDictionnaire Infernal 全六巻には頻繁に「鬼」の語が書入れられている。それもDemon, Deable, Trollなど、複数の異なる語彙に対してである。また、各年日記の巻末ページや諸書に挟んだメモ書きなどにも妖怪研究に有益と思われるものが散見される。しかし、それらの調査・整理はまだ時間がかかるので、今後の調査研究の成果を俟つことにしたい。ここでは誰もが読める文献を整理して示すことが優先されるべきだろうと考え、ここでは公刊された文献に限ることとする。

アオサギ（蒼鷺）

1a　七、八年前、田辺近所岩城山稲荷の神林から、夏の夜ほぼ定まった時刻に光り物低く飛び下るを、数夜予も橋上の納涼衆とともに見た。狩猟に年を積んだ人が、あれは蒼鷺が田に餌を求め下るんじゃと言うた。「竜燈について」2-212

1b　これら生物が光を出すは、雨夜とか月夜とかそれぞれ得意の時あり。蛍は初夏という風に、季節の定まったものも多かったろう。さればその最も盛んな夜を多年の経験で心得おいて、当夜を待ち設けて眺めてその霊異を讃歎し、種々の迷説を付会したのが竜燈崇拝の起りだろう。「竜燈について」2-214

2　友人川島友吉（この人のこと押川春浪とかが記伝して、一昨年とか『冒険世界』とか申す雑誌へ出しありという。ただし、同誌へ海野氏とかが出せし小生の伝と同じく、全く無根のことのみ多く載せたりとて本人不快なり）、一昨日アオサギを銃したりとて告げ来る。小生、頭今少し快くならば見に行くつもりなり。その鷺の胸の所とかに妙な脂の塊とかありとのことなり。この鷺飛ぶとき光出づること古書にも見ゆ。小生も（鷺とは知らぬも）五年ばかり前に見たり。また小生方へ鰻売りにくる老翁、若きとき幽霊飛び来たり木綿の畑へ入るを見しとて語るを聞くに、この鷺の様子なり。ウブメという鳥のこと、この鷺のことにあらずやと思いおりたるに、この鳥のことなりと書きたるものその後見出でしと存じ候。件の脂の塊などが乳のごとく見ゆるにあらずや。「柳田國男宛書簡（大正2年1月24日）」8-367

アナグマ（セイ／貛）

1a　貛を西牟婁で「めだぬき」、「つちかい」（土掻きの義）、また「のーぼー」と言う。安堵峰で予その肉を味噌で煮て食うとはなはだ甘かったが、ともに煮るべき野菜絶無で困った。この物態同様足に掌あり、人のごとく立ちうる。好んで女に化けるという。富里村の人（現存）、春日蕨採りに山へゆくと、若き処女、簪、笄已下具足し、すこぶる艶なるが立っておった。よって前み近づくと、たちまち見えず。立っておった処に穴あり。家に還り犬を伴れ行き、穴を捜して貛を獲った。また秋津村産れで予の知れる老人、若き時、村女と密会を約せし場所へ往って俟つと、この獣その女に化け来たり、たちまち消え失せなどして毎度困らされた。その辺で「せい」と呼ぶ由。「紀州俗伝」2-333

1b　貛が女に化けること、『郷土研究』一巻六号三六九頁すでに述べたが、その後西牟婁郡上秋津村の人に聞いたは、貛はまことにうまく美装した処女に化けるが、畜生の哀しさ行儀を弁えず、木に捷く昇ったり枝に懸下したり、処女にあるまじきことばかりするから、化の皮がすぐ顕われる、と。予幼時、雷獣という物を紀州でしばしば見世物で見たが、ことごとく貛だった。「紀州俗伝」2-360

2　同夜松場久吉に聞く。メダヌキは足跡小児の如し。ツチカイ又ノオボオといふ。人の如く立つ。（熊楠先年兵生にて食へり、うまし。アナクマのこと也。）よく女に化るといふ。今福路町の畳屋に奉公する富里村の人の兄、春日蕨（わらび）とりに山に之（ゆき）しに、若き美娘あり、簪笄等具はり、頗る艶なり。因て近（ちかづ）きしに忽ち消失せ、其下に穴あり。犬をつれゆき捕へしにアナクマなりと。

（先年栗山松之助氏に聞に、此者女に化て情事の邪魔をす。同氏若き時約せし女と密会せんと定たる場所に至てまつに、此獣其女に化け来れりと。秋津村辺にてセイといふ由。）日記4-376

アマンジャク（天邪鬼）

1　「アマンジャクが日を射落とした話」4-584

a　本誌二巻四号三九頁に出たこの話は、疑いなく支那の羿が日を射た譚から作り出したものだ。4-584

2　熊楠按ずるに、件（くだん）のアマンジャク譚に似たのは、十六世紀に英国で出た『快談敏問捷答』の六八条だ。「『芳賀郡土俗資料第一編』を読む」4-589

アヤカシ（妖）

1　「あやかし」3-330

a　佐渡の海で、あやかしが漁船につくということ、茅原鉄蔵君の報告（『郷土研究』四巻一号五六頁）があったが、熊野でもよく聞くところである。ただし、節分の煎り豆をもってこれを避けるという風習の有無はまだ知らぬ。「あやかし」3-330

イシウチ（石打ち）

1　「池袋の石打ち」2-537

a　一昨年、近村鉛村（かなむら）で毎日石が飛び込む家に、大勢災を禳（はら）うため百万遍を修むるところへ、また石が飛び込むを、予の知人が障子の穴から覗くと、その家の子守り少女の所為（せい）と判り、教唆した隣家の女房とも当田辺町警察署へ引かれ罰せられた。2-537

イズナ（飯縄）

1　「狐使いと飯縄使い」4-531

a　広畑岩吉氏話に、阿波屋の徳という人、以前年々田辺へ来たり商う。この人手品をするをみるに、さらに手品にあらず、不思議なこと多し。いづなを使うならんと思い、問い詰めしに果たして然り。かつて参宮せし時、若きクラゲ子（骨なし）のような男が家来一人つれたると道づれになり、話すにわが家へ来たれという。随い行くに京都吉田家の息なり。よってしばらくその家に宿りたり。人形を多く祀れる所へ、人形を乞いに来る者あれば、人形いうれも笑い媚びて、その人に迎え取られんと求む、と。この人いひしは、イヅナは狐と狸と鼬の間の子様な物で、色白く猫の大きさで、はなはだ美なり。常に使う人の懐中にあり、袖口より出入するに土足の汚れにこまる。また馳走場へゆくに、遠慮なく多く食うゆえ、食品眼前に減ずることおびただしく、不体裁極まる。いかに叱りても止まず。宿屋などに泊るに、使う人の不在に、その蒲団に臥し、下女等に驚かさるれば、必ず復仇して、これを脅かす。常に諸処を駆け廻り、世間のことを飼主にささやき、何町の某は汝のことをしかじか言えり、復仇せよなど勧む、と。この人（飯縄使い）いいしは、イヅナは狐と狸と鼬の間の子様な物で、色白く猫の大きさで、はなはだ美なり。常に使う人の懐中にあり、袖口より出入するに土足の汚れにこまる。また馳走場へゆくに、遠慮なく多く食うゆえ、食品眼前に減ずることおびただしく、不体裁極まる。いかに叱りても止まず。宿屋などに泊るに、使う人の不在に、その蒲団に臥し、下女等に驚かさるれば、必ず復仇して、これを脅かす。常に諸処を駆け廻り、世間のことを飼主にささやき、何町の某は汝のことをしかじか言えり、復仇せよなど勧む、と。4-532

2 亡友広畑岩吉氏談に、飯綱の法を使う者、その神が寄りある人形を、京の吉田家へ借りに行くと、一室に多く人形を祀りあり、そこへ案内されると、人形おのおの笑い媚びて、その人方へ往かんと求む。自家相当の人形を乞い、持ち帰って美装愛撫すること、わが子に異ならず。さて、いろいろと事を問うに、あるいは頷き、あるいは首を凝って応答した由。惟うに、支那の樟柳神もこれと同様、古ドイツのマンドラゴラに似たものだろう。「樟柳神とは何ぞ」4-444

イッポンダタラ・ヒトツダタラ（一本蹈鞴） ※フルツバキ（古椿）も見よ

1 熊野地方の伝説に、那智の妖怪一ツタタラはいつも寺僧を取り食らう。刑部左衛門これを討つ時、この怪鐘を頭に冒り戦うゆえ矢中らず、わずかに一筋を余す。刑部左衛門もはや矢尽きたりと言うて弓を抛げ出すと、鐘を脱ぎ捨て飛びかかるを、残る一箭で射殪した。この妖怪いつも山茶の木製の槌と三疋の鶏を使うた、と。槌と鶏をなすこと、上述デンデンコロリの話にもあり。山茶の木の槌は化ける、また家に置けば病人絶えずとて、熊野に今も忌む所あり。拙妻の麁族請川の須川甚助という豪家、むかし八棟造りを建つるに、煙出しの広さ八畳敷、これに和布、ヒジキ、乾魚などを貯え、凶歳に村民を救うた。その大厦の天井裏で毎夜踊り廻るものあり。大工が天井張った時、山茶の木の槌を忘れ遺せしが化けたという。「鶏に関する民俗と伝説」1-472

2 「一本ダタラ」、形を見ず、一尺ばかり径の大なる足跡を遠距離に一足ずつ雪中に印す。ダタラは、例の大太郎（『宇治拾遺』に、大太郎といえる盗賊のこと出でたり。『東洋学会雑誌』、例の拙文「ダイダラホウシ」の条に出づ）なるべきか。「柳田國男宛書簡（明治44年4月22日）」8-17

3　ヒトツダタラという怪、毎々山茶（つばき）の木で作りし槌を使いし。今に熊野で山茶の槌を忌むという。また誰か（貴公子？）を鶏に化し使う。その鶏、竹林中で（使われぬうち栖むなり）「竹の林でひとり寝（ぬ）る寝（ぬ）る」という唄をうたい、薄命をなげきしという。一体日本には、妖巫が人を物に化し使うということ、西洋に比してすこぶる少なし。この咄は西洋と同じく人を物に化して使いしなり。

小生七、八歳のとき、小児間に右の話を多くはなせし。また、拙妻もその亡父より毎々聞きしが、前後委（くわ）しく覚えず。いろいろ苦辛して熊野中の知人また老人に聞き合わすも、たしかに右の話前後そろい知りしものなし。わずか四十年の間に、以前誰も知った譚が失わることかくのごとし。「柳田國男宛書簡（大正三年六月二日）」8-436

4　この一ツダタラという独脚鬼のことは、外国にも多少似たこと多し。小生別に考あり、これは近く『太陽』へ出し申すべく候。このヒトツダタラの事伝を種々ききまわるうち、西牟婁郡大内川と申す所に存する古話の残片に、右の一ツダタラは、三足ある鶏とツバキ製の槌、いずれも怪をなすものを使いしゆえ、今も椿の木で槌を作らぬものと申し候。さて、拙妻の亡父（田辺権現の神官たりし）常に拙妻に話せしは、どこかに不具の鶏ありてみずから不幸をなげき、「片足高く、片足低く、竹の林に一人ぬ（寝）るぬる」と唄いしとばかり記臆し、前後全く拙妻は忘却せる由申し候。それにて覚え出で候は、小生も七、八歳のころ小学校の友より毎度聞きし話に、どこかの竹林に一足かなにかの鶏ありて、右ごとく鳴き唄うというだけ記臆致し候。小生も妻もその話をききしとき、右の鶏が唄うところに至ると、身の毛がよ立ちしを覚えおり候。「六鵜保宛書簡（大正五年）」9-420

5a　一ツダ、ラ那智の神宝を盗む。刑部左衛門蓬（ヨモギ）の矢十本もち之を討つ。九本は中（あた）らず、第十本めは管矢也、一ツダ、ラ之をつかむと同時に中より矢出、之を射傷く。因て捕へて訊問し、皆いふたら命を赦すとて一一問ふに、釣鐘、石の長持等は置た所をいふ。金の鶏の有所（ありどころ）をいはぬ内に殺す。（云ふたら全く赦さにやならぬ故。）岩鳥（イハトリ）といふ山の懸崖の下にあり。其所たしかならず、今に元日の朝鶏鳴くといふ。日記4-374

5b　松場氏言く、那智の一ツダ、ラといふ化物、僧をとり食ふ。武士来り之を討んとするに、一ツダ、ラ鐘をかぶり戦ふ故、矢種尽き僅かに一を余す。其士一計を案じ、もはや矢尽たりと云ふて弓なげ出すと、鐘をぬぎすてかゝり来る所を、余れる一箭にて射殺せり〈［欄外］弓二本持ちありしか〉。此一ツダ、ラ、三足の鶏とツバキの木の槌を使へり。ツバキの槌は化るものとて今に富里村辺では作らずと。日記4-377

イワナボウズ（岩魚坊主）

「本邦における動物崇拝」イワナ魚2-91

a 『想山著聞奇集』巻三に、美濃、信濃にこの魚坊主に化けるという迷信多き由言えり。ただし、その僧に化し来て、人に漁を止めんことを訓え、食事して去り、獲らるるに及んで、腹に先刻人に饗せられたる団子存せしという話は、『荘子』に、孔子が「神亀（しんき）よく夢に元君に見（あらわ）るれども、予且（よしょ）の網を避くるあたわず」と言いけるに基づき作れるか。2-91

ウシオニ（牛鬼）

1 牛鬼わが邦に存せしこと、『今昔物語』『東鑑』等に出づれども、予が熊野地方にて聞けるは大いにこれと異なり、すなわち一種の有蹄獣にて、山中、人に遭えば見詰めて去らず。その人ついに疲労して死す。これを影を呑まるという。その時、「石は流れる、木の葉は沈む、牛は嘶（いなな）き馬吼ゆる」と、逆さまごとを述べたる歌を誦すれば、その患を免る。しかして牛鬼が草木の葉を食いたる跡を見れば、箭羽（やばね）頭の状をなし、他の諸獣の食いし跡に異なる、と。予至って不案内のことながら、種々聞き及びしところを併せ考うるに、あるいは無識の徒、本州唯一の羚羊（かもしか）を誤解して、件（くだん）の怪談を生ぜしかとも思う。二年ばかり那智に僑居せし時、牛鬼出で吼ゆるという幽谷へ、いわゆる逢う魔が時（神代に大まがつみの神あるを見れば大禍時（おおまがとき）の意か）を撰み、夜に入るまでその辺にたたずみしことしばしばなりしも、境静かにして、小瀑布の深淵に落つる音の、岩壁に響きて、異様に聴き取らるるありしのみ。他に何物をも見ることなかりき。「小児と魔除」2-103

2 熊野では牛鬼という怪獣、人を見詰めて去らず、その人終に疲れて死す、人の影を呑むからだ、と言う。人これに遇えば逃るるあたわず。ただし、その時「石は流れる木の葉は沈む、牛は嘶き馬吼える」と、『曽我物語』に五郎が王藤内の斬らるるを見て詠んだ歌のような逆さま言を唱うれば害を免（まぬか）るなど言うは、ニクのことを敷衍したのだろうと愚見を、明治四十二年五月の『東京人類学会雑誌』二九六、七頁に出しおいた。「ニクと称する動物」3-231

3 「池の明神」の条、犀ガ崖。この犀というは何のことに候や。諸州に、勇士川に入りて犀を殺すということあり。紀州などにて牛鬼というものと同物かと存じ候。「『土のいろ』を読みて」4-129

4a 中村氏話し。牛鬼にあへば、石は流れる木の葉は沈む、牛は嘶く馬吠る（?）とさかさまのことを呟するに非れば、かげを呑れ死する由。日記2-471

4b 西野文吉（此とき予の荷持ちてゆきし人）曰く、牛鬼は色々なものに化（ば）ける。蜂等になる。なつた形のもの、力しかなしと。日記4-338

4c　南牟婁郡新宮川畔セバラ［瀬原］に和田氏家号ガマダ。（此屋敷山下の田、毎年そこかしこに穴あく。穴をガマといふ。）主人十二三年前百二三才で死す。七十八才斗り迄鉄砲打（うて）り。此人牛鬼にあふ。牛如きものにて笹の葉芽等を食ふ。見たら人死すと。鉄丸（テツダマ）（南無阿弥陀仏をえれり）で打しも、形見えず失せぬと。相賀（おうが）より南檜杖の在所へかゝる所に立鐘（タテガネ）といふ岩あり、その少し上に牛鬼すみし所あり。日記4-374

ウナギ（鰻）

1　紀州の某所に片目の鰻あり、これに祈れば雨ふるということ、『紀伊国名所図会』にありしと覚ゆ。「本邦における動物崇拝」2-91

ウブメ（産女）

1　この産女を古来支那書の姑獲鳥に充つるが、その記載が十分とまで合わぬ。姑獲鳥喜んで人の子をとり、おのれの子となす。産女にこのことありと言わず。産女は木葉を子に化成して人を欺く。姑獲鳥にこの伝なし。ただし支那等にも木葉を子に化成して人を欺く怪物はある。「読『一代女輪講』」4-83

オクリスズメ（送り雀）

1　おくり雀、田辺にあり。雀の様にして小く、囀声亦同じ。夜暗、怪あるとき人に知らせ乍鳴（なきながら）宅迄おくり来る。甚さびしきものと、予が妻松枝あへりとてはなす。日記4-337

オニ（鬼）

1　「妖怪が他の妖怪を滅ぼす法を洩らした話」2-65

a　「巨樹の翁の話」の中にしばしば出した、妖怪が他の妖怪を滅ぼす方法を人に聞かせ洩らした譚は、もっぱら日本と支那に例を取ったが、ここではさらにインドの一例を挙げておこう。これはチベットに現存する仏典中にあって、もとインド説に係る。2-65

2　「呼名の霊」2-587

a　さて人がおのれの名を呼ぶ時、応と答うるのは、先方が確かにおのれが名を知ったと承認するわけだ。したがって、鬼霊に名を呼ばれて答うると即時魅（ばか）されたり、命を取られたりすると信ずるに至ったのだ。（『古事談』三に、真済が天狗となり染殿后を悩ます時、相応和尚不動を念じ、その鬼の名を露わして退散せしめし由を記す。）2-590

3　淫鬼の迷信は中古まで欧州で深く人心に浸み込み、碩学高僧まじめにこれを禦ぐ法を論ぜしもの少なからず。実体なき鬼が男女に化けて人と交わり、はなはだしきは子を孕ませ、また子を孕むというので、ローマの開祖ロムルスとレムス、ローマの第六王セルヴィウス・ツリウス、哲学者プラトンやアレキサンドル王、ギリシアの勇将アリストメネス、ローマの名将スイピオ・アフリカヌス、英国の術士メルリン、耶蘇新教の創立者ルーテルなど、いずれも淫鬼を父として生まれたとか（一八七九年パリ板、シニストラリ『淫鬼論』五五頁）。わが邦には、古く金剛山の聖人、染殿后を恋い餓死して黒鬼となり、衆人の面前も憚らず后を嬈乱した譚あり（『今昔物語』二〇の七）。「鶏に関する民俗と伝説」1-429

オニビ（鬼火）→カイカ（怪火）

オバケ（お化け）

1 「おばけ」3-471

a 予が二十歳近くなるまで（明治十九年ごろまで）和歌山では化物を「バケモノ」「バケモン」といい、「オバケ」という詞は東京より帰任した士族のみもっぱら用いた。たまたまこの詞を用いる婦人などはすぐに江戸詰の一家と分かった。3-471

オメキ

1 安堵峰（兵生の）辺にオメキというものあり。一本足にて丈高き入道なり。広畠氏の知人、今存せば九十歳ばかりの人あり。その人大台原山にて材木伐りしことあり。六十年ほど前のことならん。その時アカギウラ（東牟婁郡小口村に赤城（あかぎ）あり、その辺？）の勘八という猟師あり。兄、山にありて鹿笛吹き鹿を集め討たんとせしに、後の絶崖より大筒（おおづつ）という蛇ころげかかり咋（く）い殺さる。（大筒、小筒とて二様の蛇あり、カラサオを打つごとく、ころげまわり落ち来るなり。大筒は長く小筒は短し。これ小生が昨年七月の『東京人類学会雑誌』〔「本邦における動物崇拝」〕に出だせる野槌蛇か。）よって鉄砲を持ち、その辺をまわり、兄の仇を討たんとすること三年なるも、大筒にあわず。ただし、一度オメキに遭えり。すなわちオメキ来たり、勘八と呼ぶゆえ、もはや遁れぬところと思い立ち止まりしに、勘八、喚合（おめきあ）いをせんとて、われよりまず喚（おめ）くべしという、いやわれよりまず喚くべしというちに、速やかに鉄砲をその耳にさし向け一発放ちしに、汝の声は大なるかなというて失せたりという。また一所に夜、岩のさしかかれる下に宿り粥を煮おりたるに、岩の上より盥大の足下り来たり額を打つを、自若としておりたるに失せぬ。さて、向うの方にこす様の音するゆえ、鉄砲をさしむけ覘いおりたるに近づくものあり。すわ放たんと思うとき、俟ってくれと大呼す。見るに人なり、その人は茯苓（ぶくりょう）を取ることを業とするものなり、山下より火をめあてに一宿を頼まんと上り来たりしなり。互いに危きところなりしと笑い興ぜしとなり。「柳田國男宛書簡（明治四四年四月二二日）」8-26

カイカ（怪火）

1 「竜燈について」2-195

a さて福本日南にかつて聞いたは、筑前の俗伝に、隕星が落ちた人家はいたく衰えるか、きわめて繁昌するかだと言う、と。2-199

b 一夏連夜あまり暑さに丸裸になって庭に立ち天文を察しおると、壁外に芝居帰りの特種殿原喧々喃々（けんけんなんなん）するを妻が怪しんで立ち聴くと、町を隔てた隣家に密生した「まさき」の大木の上に、幽霊とかねて古くより噂ある火の玉が出ておるというのだ。2-210

c この稿を終わる少し前に、湯屋に往って和歌山生れの六十ばかりの人に逢うて、七月九日夜、紀三井寺に上る竜燈のことを問うに、八、九歳の時父に負われて一度往き見たことあり。夜半に喚び起こされて眠たきを忍び待っておると、山上に忽然燈点るを見たばかり覚えおる、と言うた。その辺に人が忍びおって、何かの方法で高い所へ燈を点じ素速く隠れ去ったのらしい。2-219

2 御教示中の墓焼けは、墓より夜陰に鬼火が燃え上がることで、あたかも墓が焼けるように見ゆると申す。小生幼時は往々聞き及び候も、このほどは一向承聞せず。かかることある時、その墓に埋もれたる人の魂が瞋恚（しんい）の焔に焼かれおる由にて、いろいろ厭勝（まじない）など致し候。その一法として墓碑に【八臼烏】を書くのかと存ぜられ候。したがって八臼は焔字の扁、烏は火の意味かと存じ申し候。「墓碑の上部に烏八臼と鐫ること」3-40

ガキ（餓鬼）→ヒダルガミ（ひだる神）

カッパ（カシャンボ／河童・河伯）※ミズチ（蛟）、カワタロウ（河太郎）も見よ。

1 「河童について」2-313

a 熊野地方に、河童をカシャンボと呼ぶ。火車坊の義か。川に住み、夜厩に入って牛馬を悩ますこと、欧州のウェルフ等のごとし。その譚を聞くに全く無根とも思われず。南米に夜間馬の血を吸い、いたくこれを困憊せしむる蝙蝠（こうもり）二種ありと聞けど（『大英類典』一七巻八七七頁）、わが邦にそんな物あるべくもあらず。五年前五月、紀州西牟婁郡満呂村で、毎夜カシャンボ牛部屋に入り、涎を牛の全身に粘付し、病苦せしむることはなはだしかりければ、村人計策して、一夕灰を牛舎辺に撒き、晨（あした）を具せる足跡若干を印せり。よってその水鳥様の物たるを知れりと、村人来たり話せり。

2　「河童の薬方」　2－313

a　ついでに言う。四十年ばかり前までは和歌山市で河童をドンガスと言い、カッパと言えば分からぬ人多かった。亡母いわく、大阪から下る人はこの物を河太郎、江戸より移って来た士族はカッパと呼ぶ、と。ドンガスは泥亀を訛ったのか。

3　「カシャンボ（河童）のこと」　4－558

a　二十年ばかり前、只今七十五、六になる老人（現存）より聞いたは、カシャンボ（河童）は夏は川に住み、冬は森にあって人を魅す。自分が生まれた日高郡南部町近きオシネという地の林下で見たのは、伝説に違わず、青い碁盤縞を著た七、八歳の可愛い男で、その衣服の縞が遠方までもきわめて鮮やかにみえた、と。能登と紀伊と離れた地の咄が符合するから、むかしは、広く伝わったものとみえる。　4－558

4　予の現住地田辺町と同郡中ながら、予など二日歩いてわずかに達しうる和深村大字里川辺の里伝に、河童(かしゃんぼ)しばしば馬を岩崖等の上に追い往き、ちょうど右の談のような難儀に逢わせるという。「馬に関する民俗と伝説」　1－236

5　熊野地方にカシャンボの話盛んなり。これは西国にいわゆる川太郎のごとく川に住み、夜厩に入りて牛馬を悩ますこと、欧州のフェヤリー、またエルフに斉し(ひと)（Cf. hazlit, Faith and Folklore, 1905. I. p. 223）。昨年五月、当町に近き万呂(まろ)村に、この物毎夜出でて涎を牛の全身に粘付し、病苦せしむることはなはだしかりければ、村人計策して、一夕灰を牛舎辺に撒き、晨(あした)に就いてみれば、蹼(みずかき)を具せる足の跡若干あり。よって、カシャンボは水鳥様の物と知るに及べり。「幽霊の足なしということ」　3－18

6　田辺町の広畑喜之助氏談に、紀州西牟婁郡東富田村高瀬の日神社の上り口の溝側に、柳と樟(くす)（?）と捩(よじ)れて一つに合えるあり、その体すこぶる奇なり。むかし平蔵という男、田草を除くところへ、河童来たってその肛門を捜ることしばしばなり。その男、後日石を肛門に挟み、俯して田の草をとる。河童来たり見て大いに驚き、平蔵の尻は石尻じゃと叫んで逃げ去った。そののち平蔵かの河童を捉え、件の木に縛りつけた、とまで聞いたが、その続きを聞かず、と。「人に化けて人と交わった柳の精」　4－200

7a　熊野にあまねくカシャンボということをいう。六、七歳の小児ごときものにて、ケシボウズにて青き衣を着、はなはだ美にして愛すべし。林中にあり、人を惑わすという。また馬を害すとも申す。林中にてコダマ聞こゆるはこのものの所為と申す。このもの冬は山林中にあり、カシャンボたり、夏は川に出で河童(かわたろ)となるという。「柳田國男宛書簡（明治四四年四月二二日）」　8－15

7b　東牟婁郡高田村は、小生かつて日中行きしに、二里ほどの間一人にもあわず、恐ろしくなり逃げ帰れり。また拙弟が勝浦港に売酒の支店出しある番頭は営利のために水火をも辞せぬ男なるが、高田村の炭焼き人足どもに酒を売り弘め見よと小生いいしも、到底物になる見込みなしとて行かざりし。実はなはだしき無人の地ゆえ、おそろしかりしなり。ここに平家の落人など申す若干の旧家あり、その家を今に高田権の頭、檜杖（大字の名）の冠者など申す。その旧家の一人の邸へ、毎年新宮川を上りて河童ども来観す。影は見せずに一疋来るごとに石をなげ込み、さて山林に入ってカシャンボとなるという。「柳田國男宛書簡（明治四四年四月二二日）」8-15

8a 神社合祀大不服の高田村（東牟婁郡、那智より山深く踰えてあり。まことに人少なき物凄き地なり）に高田権の頭、檜杖の冠者などという旧家あり。そのいずれか知らず、年に一度河童多く川を上り来たり、この家に知らすとて石をなげこむ由なり。熊野では、夏は川におり河太郎、冬は山に入りカシャンボとなるという。カシャンボはコダマのことをいうと見えたり。「柳田國男宛書簡（明治四四年九月一八日）」8-97

8b 当郡富田村のツヅラ（防己）という大字の伊勢谷にカシャンボあり（河童をいうなり）。岩吉氏の亡父馬に荷付くるに、片荷付くれば他の片荷落つること数回にて詮方なし。ある時馬をつなぎ置きて木を伐りに行き、帰り見れば馬見えず。いろいろ尋ねしに腹被いを木にかけ履を脱いですてなどしあり。いろいろ捜せしに馬喘息々として困臥せり。よって村の大日堂に之き護摩の符を貰い腹おおいに結び付けしに、それより事なし。この物人の眼に見えず、馬よくこれを見る。馬につきて厩に到るとき馬ふるえて困しむ、と。

また丸三という男、右の岩吉氏方にてあう。その人いわく、ある友人富田坂に到りしに、樹の上に小児乗りあり、危きことと思い、茶屋主人に語るに、このころ毎度かくのごとし、カシャンボが戯れに人を弄するなり、と。

またカシャンボは青色の鮮やかな衣を着る。七、八歳にて頭をそり、はなはだ美なるものなり、と。

四十一年の春なりしと覚ゆ、当町近き万呂村の牛部屋へ、毎夜川よりカシャンボ上がり到る。牛に涎ごときものつき湿い、牛大いに苦しむ。何物なるを試みんとて灰を牛部屋辺にまきしに、水鳥の大なる足跡ありしとのことにて、そのころたしか四十一年四月の『東洋学芸雑誌』へ「幽霊に足なしということ」という題で三頁ばかり、小生出したることあり。これは見出して別に写し申し上ぐべく候。「柳田國男宛書簡（明治四四年九月一八日）」8-99

9a 前刻、鳥の跡を灰に印せるより、万呂村民が、河童は水鳥の一種と察するに及びしことを載せたる状差し上げたり。埒もなき咄のようなれど、すべて俚談、俗伝は何とて取りとめたる理由確然せず、あたかも夢に種々雑多の原因あるごとく、いろいろの妄想、錯誤が重畳して現出する例多し。いつかも申し上げたることと存ずるが、川側にコッテイドリとて大声あげてなく鳥あり。小生、明治十八年夏、日光山へ歩き詣りしとき、栗橋か幸手辺の川側で聞きしことあり。「柳田國男宛書簡（明治四四年九月二七日）」8-100

9b 熊野地方にカシャンボの話盛んなり。これは西国にいわゆる川太郎のごとく川に住み、夜、厩に入りて牛馬を悩ますこと、欧州のフェヤリー、またエルフに斉し（Cf. hazlit, 'Faith and Folklore,' 1905, I. p.223）。昨四十年五月、当町に近き万呂村に、この物毎夜出でて涎を牛の全身に粘付し、病苦せしむることはなはだしかりければ、村人計策して、一夕灰を牛舎辺に撒き、晨に就いて見れば、蹼を具せる足跡若干あり。よってその水鳥の類たるを知るに及べり。「柳田國男宛書簡（明治四四年九月二七日）」8-121

10 前書申し上げしカシャンボ（河童）は火車のことなるべし。火車の伝、今も多少熊野に残るにや、一昨年南牟婁郡辺に死せる女の屍、寺で棺よりおのずから露われ出で（生きたる貌にて）、葬送の輩駭き逃げしということ、『大阪毎日』で見たり。河童と火車と混ずること、ちょっと小生には分からず。「柳田國男宛書簡（明治四四年一〇月八日）」8-143

11 ヒロムシロはちょっとした溝瀆にあるときは水中茎短けれど、かかる深き池になるとはなはだ長く多く分岐し、まことに游泳を遮妨することはなはだし。こんなことを池の主にとらるるなどいい、また人水死すれば水おびただしく飲み、肛門張開して緊結（しまり）を失うゆえ、川童に尻子玉とらるなどいうことと存じ申され候。「柳田國男宛書簡（明治四四年一〇月九日）」8-152

12 ついでに申す。熊野にて河童のことをカシャンボと申す。これは疑いもなく火車坊の意に候。（支那にも罔両ともうすもの、水にすみ、また死人の魄を食らう、とあり。河童と罔両と似たことあり。）しかるに今日、カシャンボが死尸を犯すという伝話は、小生知るところにては絶えおり候。全く河童のみを申すなり。（ただし、死人、火車に取られ候ことは、今日も南牟婁郡辺には多少行なわれ候由。）さて、亀の梵名羯車婆と申し候。（『梵語字彙』。当地になきゆえ正音は知らず。）前般申し上げ候諸国に亀が人を取ること、河童にはなはだ近き話多し。軽卒なる人は火車のことを知らずに、カシャンボは羯車婆の訛りにて、取りも直さず河童の話は、亀、人を取る話より出でしということも難きにあらず。「柳田國男宛書簡（明治四五年一月一五日）」8-267

＊『大威徳陀羅尼経』の誤りか。

13 次に今日着の『郷土研究』にも見たが、カシャンボ（火車坊？ 山童なり）が、冬には山林にありてカシャンボたり、もっぱら人の招声に応じて怪をなす（コダマなり）。夏は川に入りて河童（ゴーラと読む）たりというは、和歌山辺では聞かぬが、田辺以東熊野一汎の信に候。西牟婁郡岩田村大字岩田辺の伝に、夏土用の丑の日より川に入り、冬玄猪の日より山に入り、木を伐る音のまねし、また異様の音して人をよぶ、と。当町付近新庄村などには、河童、山童の区別つかぬように候。小生知人小学教師に、これにあいしものあり、詳しく聞きて記し申し上ぐべく候。「柳田國男宛書簡（大正二年九月一三日）」8-376

14 河童、冬は山に入り山童となるということも、東・西牟婁郡の山村はもちろん、田辺でも古来もっともいうことに候。

「柳田國男宛書簡（大正三年六月二日）」８－435

15　明治二十六年、七年ごろ、陸軍軍医石坂某（堅壮翁の子と存じ候）、『日本食品一覧』というようなものを著わしたるに、その内に水虎（カッパ）を載せたり。水虎は食えるものかという難論起こり、いろいろ議論ありし由、当時『時事新報』で見たり。その時、一通信社平然として報ゆらく、カッパは岡山県では毎々見る、決して珍しきものにあらずとて、その状を略記せるが、まるで『本草啓蒙』等より朱鼈（ドウマン）のことを丸写しにしたるようなりし。「柳田國男宛書簡（大正三年七月二〇日）」８－453

16a　カシヤンボ田辺近傍竜神山にあり。或る人出あひし角力を望まる。其人、汝如き大なるものと角力する不能（あたわず）と辞せしに、カシヤンボ身をだんだん小さくす。甚小くなりしときなげ倒せしに、大になきて去れりと。日記４－340

16b　カシヤンボ　川太郎　同じ物山（冬）にあると川（夏）にあると。日記４－345

16c　カシヤンボ（河童）夏牛（うし）の日より川に入り冬玄猪の日より山に入る。木を伐る音のまねし、又異様の声より人をよぶと。日記４－369

16d　七月十一日、山本鶴吉に聞く。東牟婁郡高田南檜杖に大庄屋といふ家あり　山下まいりの輩の檜木の杖を売れり。故に檜杖といふ。音無川隔てゝ北□坂の庄司の家、今に（十六年前のこと）長男宗領息は肥をいらはず、しめはりて宗領のみ入る室あり。御庄司の一也。庄司の淵に所定めて毎年新宮川えガウボシ（河童）入た数だけ白石をおく所あり。日記４－373

ガリョウ

1　ガリョウというものあり、大亀にして竜頭なり。また、なまずの主（ぬし）、うなぎの主等の棲む淵は常に濁るものなり、と。広畠氏その話を聞き、田辺より二里余なる富田川に名高き大鰻すむ淵を見るに、果たして常に濁れり、と。「柳田國男宛書簡（明治四四年一〇月八日）」８－145

カワタロウ（ドウマン・ゴウライ／河太郎）

※カッパ（河童）も見よ

1a　備前辺にドウマンというものあり（朱鼈と書く）、河太郎様のものと聞く。たしか蘭山の『本草綱目啓蒙』にもありし。前年、石坂堅壮氏の令息何とかいう軍医、日本の食品を列挙したる著書ありし中にドウマンを列したるを、かかる聞えのみありて実物の有無確かならぬものを入れしは杜撰なりとかで、新聞で批評され、またこれを反駁せし人ありしよう覚え候（二十年ばかり前のこと）。小生も鼈が人を噬（か）むことのほかに、かかる怪物の存在をはなはだ疑うものなり。「柳田國男宛書簡（明治44年9月18日）」８－96

1b　当田辺町から二里ばかり朝来（あっそ）村大字野田より下女を置き

しに、その者いわく、カウホネをその辺でガウライノハナと呼ぶ。この花ある辺に川太郎あり、川太郎をガウライという、と。またいわく、茄子の臍を去らずに食えば川太郎に尻抜かる、と。［茄子の図］この点の辺をいう。小生は臍と勝手に書くが、実は何というか知らず。「柳田國男宛書簡（明治四四年九月一八日）」8-97

2 和歌山にては河太郎をドンガスと申し候。小生幼時、川太郎というても分からず、ドンガスとのみ申し候。「柳田國男宛書簡（大正三年七月六日）」8-449

キツネ（狐）

1 「「釣狐」の狂言」 4-190

a 『辟寒』に出た、老狐が翁に化けて猟者の竹穽に懸かった一条も、元明のさい雑劇、伝奇とともに渡り来たれるを、本邦人が作り替えて狐つりの狂言にしたでもあろう。4-194

2 「狐と雨」 4-298

a 紀州田辺でも、日当り雨の際、指を組んでその前で、口を尖らし犬の字を三度かくまねして、三度息を吹き、組んだ指の間より雨を覗けば、狐の嫁入行列がみえるという。ただし、指を無法に組んではみえず。定まった組み方がある。かつて荊妻から伝授したが、ロハでは教えられぬ。また日当り雨の最中に、拙宅より遠からぬ法輪寺という禅刹の椽下を、吹火筒で覗いてもみえるという。明治年間この寺へ豊川稲荷を勧請したに伴って起こった俗信だろうから、もと豊川本祠辺で行なわれた伝説が移ったのかと想う。参遠地方にそんな伝説ありや、教示を乞う。和歌山市では、予が若かった時までもっぱら、日当り雨の節、半ば地に埋まった瓦石を起こし、その裏に唾を吐きかけ凝視すれば、唾に狐婚の行列が映る、と言った。

3 「狐使いと飯縄使い」 4-531 →イズナ1a

4 「秤り目をごまかす狐魅」 4-559

a 数年前まで拙宅の向いに住んだ人は、近村に聞こえた富家だったが、株相場で大敗して財産を蕩尽し東京へ奔った。この人の父もと寒貧だった時、山村を駆け廻って椎蕈を買い集め、す速く輸出して巨利を博し、ついに一代身上を仕上げた。世間の噂に、この人厚く狐精を崇め、不断加護を祈るに、椎蕈の重量を減じたので、その都度利を獲ぬことがなかったそうだ。4-559

5a 西牟婁郡中芳養（なかはや）村境大字、三十戸ばかり塊り立つ。墓地が池の傍にある。村の人死するごとに、老狐が池の藻を被（かぶ）りて袈裟とし、殊勝な和尚に化けて池辺を歩いた。毎年極月（しわす）に及ぶと、「日がない、日がない」と鳴く。正月まで日数少なしとの訳だ。これを師走狐と称えた。この二月まで予の宅におった下女（十八歳）の母、少（ちい）さい時祖母の方に燈油を運ぶに、この狐出るかと怖ろしくて、たびたび油を覆（こぼ）し叱られたが、今はすなわち狐もなくなった。「紀州俗伝」2-322

5b 同地（西牟婁郡五村）で白花の紫雲英(れんげばな)を袂に入れ置けば狐に魅(ばか)されずと言い、小児(こども)野に草を摘む時、われ一とこれを覓(もと)む。「紀州俗伝」2-325

5c 田辺町に接近せる湊村に、むかし金剛院という山伏あり。庚申山という山伏寺で山伏の寄合いあるに、神子浜の自宅から赴く。途上老狐臥しおる。その耳に法螺を近づけ大いに吹くと、狐大いに驚き去る。その返報にかの狐が、闘鶏(とりあわせ)権現社畔の池に入り、しきりに藻を被(かぶ)り金剛院に化ける。庚申山へ行く山伏ら、この次第を睹(み)、さては今日狐が金剛院に化けて寺へ来るつもりだ、早く待ち受けて打ち懲らしやれと走り往って俟(ま)つと、しばらくして金剛院殊勝げに来るのを、寄って囲んで散々に打擲しても化けの皮が顕われず、苦しみ怒るのみで、ついに真正(ほんとう)の金剛院と解った。全く法螺で驚かされた仕返しに、狐が悪戯をしたのだった。「紀州俗伝」3-327

5d 右の両地（田辺・神子浜）とも伝う。狐は硫黄を忌む、よって付木(つけぎ)またマッチを袂に入れれば魅(ばか)されず、と。「紀州俗伝」3-332

6 三公を三槐ということ、その他、『淵鑑類函』四一三に、槐の神霊なる例多し。『本草綱目』、「槐は虚星の精なり。老槐は火を生じ、丹を生ず。その神霊なることかくのごとし、云々」（『和漢三才』巻八三に引けり）。安堵峰辺で、土伝にこの木で箸を作り用うれば、狐に魅せられず、また狐つきを落とすとのことに候。「柳田國男宛書簡（明治四四年一〇月一三日）」8-169

7 狐が人を魅すという話は、日本、支那に限らず、他の諸国にも多く候。「柳田國男宛書簡（明治四四年一〇月一四日）」8-178

8 また父死して子が茶屋の味を覚え、夢のごとくに蕩産して多人に迷惑をかけ、裁判沙汰となり法廷へ出で、何故左様の過行をなせしかと法官に問われて、全く狐につままれたるなりと臆面もなく答え、聴衆も左様確信するなどは平常のことに御座候。「西村真次宛書簡（昭和二年四月二八日）」8-611

9 過日、『旅と伝説』に御掲載の金剛院が狐に魅された話は、柳田氏の『日本昔話集』とかいうものにも出であり（出所を出さず）、小生が金剛院の咄を大正二年に『郷土研究』へ出したのは、神子(みこ)の浜の故糸川恒太夫翁からの聞き書きで、そののち大正十一年十二月二十九日、目良三柳氏の写本を野口利太郎氏か貴殿かより借り写して、始めてこの咄が伊達自達居士の『余身帰(よみがえり)』に載せあるを知れり。それまではただこの辺の口碑に存せることと心得おりたるなり。目良氏写本には、金剛とかいう修験が、山伏どもの寄合いに何某修験の許に趣く途中に狐を驚かせしに、件(くだん)の寄合所の井戸の辺にて狐がその身に苔など塗り付け、金剛に化けるを見おりし山伏どもが、やがて金剛に化けて出で来たらばさいなみやらんと俟ちおるところへ、真正の金剛入り来たるを見て、狐が化けたと心得、大いに打ち苦しめた、とあり。小生が糸川翁に聞き書きせし、闘鶏社畔の池に狐が入って藻を被り、狐に〔ママ〕化けるを寄合所へ往く山伏どもが目撃したというと違いおり、また糸川の咄には、庚申山へ山伏ども集まりしとあるが、『余身帰』には、集会所を庚申山と名ざさず。『余身帰』に、金剛とのみ書きしは、山伏に多き金剛院やら金剛坊やらはっきり聞き留めざりしなり。「雑賀貞次郎宛書簡（昭和一六年九月一五日）」10-399

10a 一月五日夜、下女前川勝にきく。中芳養村のサカイ〔境〕といふ大字三十軒斗りかたまり、池あり、傍に墓地あり。村の人死すれば、狐池の藻をかぶり袈裟とし、僧になり池辺を歩む。日記4-360

10b 下女とめ曰く、狐は硫黄を忌む故、つけぎ一枚又マッチにても袂に入るゝときは魅せずと。日記4-367

クダン（件）

1 「件」3-470

a 田辺町の歯科医須川寛得氏いわく、二十六、七年前、東牟婁郡三輪崎の村外れ漁夫の家に、件を檻に入れて養う。それはその家に生まれた子、成長しても白痴で獣のごとく這うのみ。顔はまるで牛で、人の体なり。ただし牛の毛は生えおらず。かかる者の言うことに偽りなきゆえ、証文に件のごとしと書く。その者臨終前に言うたことあり。聞き及んだが忘れた、と。「件」3-470

ゴウライ→カワタロウ

コサメコジョロウ（こさめ小女郎）

1 紀州日高郡上山路村大字丹生川の西面導氏より大正九年に聞いたは、同郡竜神村小又川の二不思議なることあり。その地に西のコウ、東のコウとて谷二つあり。西のコウに滝あり、その下にオエガウラ淵あり。むかしこの淵にコサメ小女郎という怪あり。何百年経しとも知れぬ大きな小サメあって美女に化け、ホタ（薪）山へ往く者、淵辺へ来るを見れば、オエゴウラ（一所に泳ぐべし）と勧め水中で殺して食う。ある時小四郎なる男に逢って、運の尽きにや、七年通ス（とお）の鵜をマキの手ダイをもって入れたらわれも叶（かな）わぬと泄（もら）した。小四郎その通りして淵を探るに、魚大きなゆえ鵜の口で噉（くわ）ゆるあたわず、嘴もてその眼を抉る。翌日大きなコサメが死んで浮き上がる。その腹を剖くとキザミナタ七本あり。樵夫が腰に挿したまま呑まれ、その身溶けて鉈のみ残ったと知れた、と。「巨樹の翁の話」2-38

コダマ（木霊）→カシャンボ

コメツブ（米粒）

1 ころびきたりて小児をおどす子鬼、室の四隅になりと。米

に打ちあたれば血を見る。日記4-337

サトリ→ヤマオトコ（山男）

サル（猿・猴）

1　伊勢の巨勢（こせ）という地に、四里四方刀斧入らざる深山あり。その近傍で炭焼く男いつの歳か十月十五日に山を去って里に帰らんとするに、妻、子を生む。よって二里半歩み巨勢へ往き薬を求め還って見れば、小舎の近傍に板箕ほど大きな足蹟（あと）ありて小舎に入り、入口に血滴りて妻子なし。必然変化（へんげ）の所為（しわざ）と悟り、鉄砲を持ち鉄鍋の足を三つ欠き持ちて、足蹟を追い山に入れば、きわめて大なる白猴新産の子を食いおわり、片手で妻の髪を掴み軽々と携げて走り行く。後より戻せと呼ぶと、顧みて妻を樹の枝に懸けて立ち留まり、やがて片手で妻を取り上げその頸（くび）を咬む。その時遅くかの時速くその脇下に鍋の足を射ち込んで殺しおわったが、全体絶大なかなか運ぶべくもあらねば、その尾のみ切り取って帰った。白毛茸生（じょうせい）僧の払子（ほっす）のごとく美麗言語に絶したるを巨勢の医家に蔵すと覩た者に聞いた人から又聞きだ。「兎に関する民俗と伝説」1-80

2　右の広畠氏知りし人の話に、伊勢の巨勢という村をはなるること三里ばかりの山、四里四方怪物ありとて人入らず。大胆なるものあり、その山に近く炭焼きし、冬になりて里に出でんとするに、妻なる者出産近づき止むを得ず小屋に止まるに、妻にわかに産す。よって医に薬もらわんとて夫走り行きぬ。帰りて見れば、小屋に血淋漓として人なし。大いに驚き鉄砲持ち、鍋の足を三つ折りに鉄砲に込（こ）めて、雪上の大足跡をたずね行くに、一丈ばかりの大人ごときもの妻の髪をつかみ、吊し持ち行く。後より追いかけ三十間ばかりになりしとき、かの者ふりむき、妻を樹枝にかける。さて、この者の顔を見るや否、妻を攫み首を食い切る、と同時にかねてかかる怪物を打たんには脇を打つべしと聞きたるゆえ、脇を打ちしに大いに呻き、山岳動揺して走り去る。日暮れたるゆえ帰り見れば、生まれたる児は全く食われたりと見え、血のみあり。翌日行きて血を尋ね穴に至りしに、大いなる猴苦しみおる。それを打ち殺し、保存の法もなきゆえ尾を取り帰る。払子（ほっす）のごとき白色のものにて、はなはだ美なり。巨勢の医家（名を聞きしが忘れたり、と）に蔵しありしを、件（くだん）の故老見たり、となり。「柳田國男宛書簡（明治四四年五月二五日）」8-27

サンボンアシノトリ（三本足の鶏）

1a　又三栖村衣笠山城址も、正月三日の朝、金の鶏三足なるが出て鳴くといふ。或説に、太閤南征のとき千鳥の香炉と金の鶏と失ひしが、此地に埋れ、世に出たくて鳴くと。日記4-37

1b　先日長島氏話に、郡山に館町（タテテウ）といふ野原あり、氏族町に

て郊外に近し。三本足の鶏あらはれ、見れば人死すと。日記4-356

1c〈松枝[欄外]曰く、此はなし亡父に聞り。三本足の鶏毎夜藪にあらはれ、片足短く云々、竹の林で独りぬるぬるとなげくことあり。前後悉く忘ると。〉日記4-377

2 (参考) 幼少で聞いた事故一行たしかに前後覚えぬが話中の古寺へ怪物訪ひ来る所に、「テン〳〵コボシが御宿にか」と云ふと、サイチク林のケイサンロク、おはいり成されと聞いて、何の事か分らぬながら、ツイ近日までも自家の小児に此句だけ話して居たが、今回田中氏の話しを此筆記で見て、サイチク林は西竹林、ケンサンロクは鶏三足たるを知り得て、口さきばかりで伝ふる咄しちふものは、割合に永く伝はりて、形ちを丸で失ひ切らぬものと分つた。それから、ナンスイノキギヨは南水の奇魚で、トウサンノバコツは東山の馬骨なることは筆記の前後を推せば分る。 南方文枝『父南方熊楠を語る』109

セイ→アナグマ(獾)

ダイジャ(大蛇)

1 以前は熊野の猟師みな命の弾丸とて鉄丸に念仏を刻み付けて三つ持ち、大蛇等変化の物を打つ必死の場合にのみ用いた。「兎に関する民俗と伝説」1-80

2 雑賀〔貞次郎君〕の『牟婁口碑集』には洩れておるが、田辺町からあまり遠からぬ西富田村の堅田の大池畔に、合祀厲行前、弁天の小祠あった。むかし大蛇ここへ来たり、草刈り男に、この池にヌシありや、と尋ねた。その時までヌシがなかったので、大蛇が池のヌシとなっては事むずかし、とさっそく機転で、持ち合わせた鎌をソット池へ投げこみ、あれがヌシだ、と言うと、蛇は鉄を忌むからにげ去った。その鎌をその小祠に祀った、と土地の人に聞いた。「ヌシという語」3-246

3 此夜炉辺で聞し話。内井川宿屋(ヤドヤ)孫左衛門、観音谷にて美女に化(ばけ)し大蛇を殺し、自分も自家閾越るや否死せしこと。其鱗三枚此辺の三祠に分ち納む。内井川のは失はる。大さ一尺とか。日記3-404

ダイダラボウシ

1 「ダイダラホウシの足跡」3-9

a 紀州にはダイダラボウシなどの名なく、岩壁上天然の大窪人足の状を呈するものを、弁慶の足跡といい、当地近傍にも一つ二つ見受けるなり。3-12

2 ダイダラ、ダイラ、二つながら大太郎を意味するか、中古巨漢を呼ぶ俗間の綽名(あだな)と思わる。果たして然らば、大太は反って大太郎の略なり。「柳田國男宛書簡(明治四四年九月二九日)」8-119

タヌキ（狸）

1「狸の金玉」5-310

a 狸の金玉が非常に偉大なということ、いつごろ始まったか知らぬが、似たことは仏書に出づ。（中略）何となく鳩槃茶の大陰嚢を狸の上に移したのであるまいか。5-310

ダル→ヒダルガミ

ツチノコ（槌の子）

1「槌の子の化けた話」南方文枝『父南方熊楠を語る』107

a この寺のいぬゐの隅の柱に槌の子が載つてある。之れを下して来い。109

b 今まで坊さんが無くなつたのはこれらのわざぢや、其の内でも、槌の子が一番悪い、此の槌の子が方々の悪魔を呼んだのである。槌の子をいぬゐの隅へ置くと不思議があるといふた。109

2 紀州で老人の伝うるは、何国と知れず、住職を入れると一夜になくなる寺あり。ある時村へ穢い貧僧来たるをこの寺へ泊まらせる。平気で読経しおると、丑三つごろ、表の戸を敲き、デンデンコロリ様はお内にかと言う者あり。中より南水のきぎょ、西竹林の三けいちょうと名乗って入り来たり、三怪揃うて僧に飛び少しも動ぜず経を読んで引導を渡すと、化物消え失せる。翌朝村人、僧の教えのままに馬頭と金魚および三足鶏の屍を見出だし、あた寺の乾の隅の柱上より槌の子を取り下ろす。この槌の子がもっとも悪いやつで、他の諸怪を呼んだのだ。槌の子を乾の隅に置くと怪をなす、と言う。「鶏に関する民俗と伝説」1-471

ツルベオロシ（釣瓶落ろし）

1「つるべおろし」3-239

a『世間用心記』（元禄刊、明和再刊かという）巻五にも、「つるべおろし」のことが出ておる。3-239

テング（天狗）

1「生駒山の天狗の話」2-315

a 昨夜奇異のことを聞く。長島金三郎という元大和郡山の藩士、当地に来たり花と茶を教え、また金魚屋を営みおる。五十五歳なり。この人言う、十四の時生駒山に預けられ、寺におる。例年四月一日には大法会あり。護摩を修し士女麕集（くんしゅう）す。この前年、前鬼（ぜんき）の和尚さんとて五十余歳で眼深く仙人顔なる和尚、毎夜この寺へ来ることあり。洞川（どろがわ）の寺から夕食を済ませてのち高下駄を履き来たり、十時過ぎごろまで話してまた洞川へとて去る（洞川は生駒山より十何里あるか知らず。とにかく遠方なり。吉野郡天川村大字洞川）。ある時寺の小僧らこの和尚に向かい、法会の時天狗を連れ来たり見せられよと言いしに連れ来たる。尋常七、八歳の子供数人にて、松の樹の上に遊びおる。これ天狗なりと言う。子供の天狗は面白からず、大人の天狗を連れ来たれと言えば、それは難事なり、しかし試むべしと言う。その翌年すなわち長島生駒山におりし年の法会にかの和尚一人来たる。貴僧は約束を忘れ天狗を連れ来たらざりしことよと言うに、連れ来たりてそこにあるではないかと護摩壇を指す。その方を見るに何もなし。何もなしと言えば、なるほど汝らに見えぬはもっともなりとて、和尚自分の衣の袖をかざしてそれを隔てて見せしむ。長島らその袖を透かして見るに、護摩壇の辺に天狗充盈す。たしかには覚えねど（熊楠いわく、幽霊始めかかる鬼形の物はみな見てもたしかに覚えるを得ず）、頭は坊主で男女ありしようなり。衣、袈裟等尋常の僧に異ならぬ者多く、中には鼻至って高きあり、その鼻は上の方へ、また下の方へ鉤りてあり。その常人と異ならざる者も、和尚の袖を透かさずに見れば一向見えぬにて、天狗なるこを知りしという。2-315

2「熊野の天狗談について」2-316

a 田村〔吉永〕君の「天狗の話」（『郷土研究』三巻三号一八三頁）を読んでおるところへ、新宮生れで東牟婁・南牟婁両郡の珍事活法ともいうべき山本鶴吉という人が来たので聞いて見ると、元津野と田村君が書いたのは広津野を正しとす。宇久井生れで広津野に移住した者が山爺となったので、最近に塩を貰いに帰ったのは二十年ほどでなく三十年ほど前のことだった。また「一人娘をわけ村にやるな」と唄わるるは南牟婁郡の和気村下和気で、ここ新宮から三里半ほど、人家四、五軒あるのみ。川を隔てて東牟婁郡の能城山本に、イノシシグラとて野猪も滑り落ちるという高い崖がある。また川の中に大石磊砢と集まって、水の減った時遠望すると、あたかも味噌を延ばし敷いたように見える暗礁があった。これをミソマメと呼んだが、明治二十二年の大水で川原の下に埋まってしまうた、と語られた。2-316

3「天狗の情郎」2-549

4a 熊野地方では、天狗が時に白鶏に化け現わる、という。「鶏に関する民俗と伝説」1-438

4b 予幼時、和歌山に山茶屋敷という士族邸あり。大きな山茶多く茂れるが、夜分門を閉づれど戸を締めず開放しだった。然せぬと天狗の高笑いなど怪事多い、と言った。「鶏に関する民俗と伝説」1-473

5a 田辺の絲川恒太夫という老人、中年まで熊野諸村を毎度行商した。この翁今年七十五。二十七、八歳の時新鹿村の湊に宿す。湊川の上に一里余続ける浅谷という谷あり。それと並んで、二木島、片村曽根と続く谷あり。この二谷間の山を古来天狗道と呼び懼るるも、誰一人天狗を見た者なし。絲川氏湊に宿った夜、大風雨で屋根板飛び、その圧えに置いた大石堕ち下るを避けんために古洞著等を被り、鴨居の下に頭を突っ張り柱を抱き立っておった。家主老夫婦は天井張った三畳の室に楯籠る。老主人の甥、羽島に住む者、茶の木原に住む従弟を訪い、裸になり褌の上に帯しめて、川二つ渡り来たり著いたは夜二時なり。暁に及び風ようやく止んだ。二人大闇黒中、件の山上を大なる炬二十ばかり列なり行くを見て、始めてむかしもかかることあったゆえ天狗道と名づけたと暁ったという。

かようの時は小さな火も大きく見ゆるは、熊楠、先年西牟婁郡安堵峰下より坂泰の巓を踰えて日高郡丹生川に著き憩いおったるを、安堵の山小屋より大勢捜しに来るに提燈一つ点せり。それがこちらの眼には、炬火数十本束ね合わせて燃やすほど大きく見えた。されば右天狗の炬も、実はエルモ尊者の火だろう。「竜燈について」２-205

5b 予幼時和歌山城近く山茶屋敷とて天方という侍の邸あり。なぜか年中戸を閉めず、夜分人通れば天狗高笑するとてその辺行く人稀だった。「竜燈について」２-212

6 また神子浜で強く風吹く時、小児ら、「山の天狗様ちとちと風おくれ」、「山の天狗様ちとちと風要らぬ」と唱えて走り廻る。それゆえを問うと知らずという。「紀州俗信」２-349

7 天狗のことは、『旧事本紀』に、素盞嗚尊、噴く気、胸臆に満ちて、化して天狗の神となる云々、ということあり。『旧事本紀』は、聖徳太子の作は失せて、後に飛騨の坊主が偽作という。されどこの偽作も古きものにて（藤原氏の盛世と記臆す。何にしろ源平などよりは前方なり）、毎度申すとおり、全くのうそはいえぬものなれば、なにか少々古伝ありしならん。従来天狗のことを論せるものに、あまりこのことを引かざるは奇怪なり。「土宜法竜宛書簡（明治二七年三月一九日）」７-297

8 わが邦の天狗の像多くはインドのガルダ像より出でしと見ゆ。「柳田國男宛書簡（明治四四年一〇月一〇日）」８-155

9 長島金三郎という郡山の士、おちぶれて当地へ来たり、茶と花おしえ、また金魚屋を営みおる、五十五歳なり。この人言う、十四のとき、生駒山に預けられ寺におる。例年四月一日に大法会あり、護摩を修し、士女麕集す。十四のとき、その前年、前鬼の和尚さんとて、五十余歳で、眼深く仙人顔なる和尚、毎夜この寺へ茶話に来るに高下駄はきたり。食事すんで、自分の洞川の寺より来るという。さて十時ごろまで話して、また洞川へとて去る。（洞川より生駒山までは十何里か知らず遠距離なり。）あるとき寺の小僧等、和尚に法会のとき天狗をつれ来たり見せられよというに、つれ来たる。尋常の小児七、八つのもの数人にて松の上にあそびおる。これ天狗なりという。小供の天狗は面白からず、大人の天狗をつれ来たれというに、それは難事なり、しかし試むべしと言う。昨年（すなわち長島十四のとき）大法会に、かの和尚独り来たるに向かい、貴僧は約束を忘れ、天狗をつれ来たらざりしことよというに、つれ来たりてそこにあるでないかというて護摩壇を指す。その方見るに何もなし。何もなしというに、なるほど汝らに見えぬはもっともなりとて、和尚、自分の衣の袖をかざし、それを隔てて見せしむ。長島等、その袖をすかして見るに、護摩壇辺に天狗充盈す。たしかに覚えねど（熊楠いわく、幽霊始めかかる鬼形のものは、見るときたしかに覚えるを得ず）、頭は坊主で男女ありしと覚えたり。衣、袈裟等、尋常の僧に異ならぬもの多く、中に鼻至って高きものもあり、上に向かい、または下に向かいあり。（『前太平記』か『弘法大師一代記』とかいう俗書のいずれかに、天狗の鼻をみな上下に鉤曲して画きたり。）その常人と異ならざるものも、和尚の袖をすかさずに見れば、一向見えぬにて、天狗と知りしという。「柳田國男宛書簡（大正三年一一月三〇日）」8-473

10　またその辺より拙宅へ魚を売りにくる漁人の妻など、一日商売して夜分帰宅の途次、疲労のあまり足をふみちがえ、溝へ落つることなどあるごとに、疲労より眩暈を生ぜしとは思わず、直ちに自分は天狗に蹴られたと申し、他の人々もみな左様に信じおり候。「西村真次宛書簡（昭和二年四月二八日）」8-611

11　和歌山市よりようやく一里ばかり東に和佐山という小山あり。『神名帳』に、これは何とか比売の神といって祀りし古社なり。比売とあるからむろん女神なり。それが小生幼少のころまでは神名を知ったもの少なく、ただただ和佐山高の御前と唱え（神名兼山名）、嶮しく高い山の義で付けた名なるべきに、高（天狗を天狗といわず鼻高の義より高神、高様などいいし）の名に因んで、女神ということは忘られて、天狗とのみ畏れられし。「岩田準一宛書簡（昭和八年一二月二四日）」9-220

12　さて先便申し上げし和歌山付近の和佐山高の御前をただ一つの小山のよう申し上げしは小生の間違いにて、和佐山と高の御前は別らしく候。和佐山は大分高き山のようにて小生は知らず。和佐山は南にあり、高の御前は北にあって相対す。小生等聞きしは、和佐山には高津比古の神、高の御前には高津比売の神を祭るという。（いろいろと異説は『紀伊国名所図会』四巻上に見ゆ。）中古、女神を御前と称すること多きゆえ、女神の意味で高津比売を高の御前といい、この山の名も同様に称えしことと察し候。その女神が近時天狗（男性）のように心得られおるなり。「岩田準一宛書簡（昭和八年一二月三〇日）」9-221

13a　長田川山に入て家より弁当おくるに、天狗ぬすみ食ふ。長田川帰て家のものをなじるに、弁当既におくれりといふ。因て後山に入るに、天狗弁当くひ居るを、後より斧で翅一つきりおとす。凡て斧に七つ筋あり、因て長田川の七化けといふと。（此事なにやら分らず、按亀の答たしかならず。）しばしば天狗見に来り、遂に翅とりかえさると。日記4-340

13b　〈［欄外］按摩亀話しには、間宮一八に打れし天狗、湯治に之し也と。〉
〈［欄外］小川孝七妻云く、天狗、湯崎崎ノ湯へ湯治に之しと。これより天狗の翼に羽たゝきの音ありと。〉日記4-340

13c　同夜今福湯老母に聞に、和歌山丸之内ツバキ屋敷はツバキ多く茂れり、此家夜分門はしめるが戸をしめず、戸をしめると怪事ありしと。天狗化笑ひしなど熊楠聞り。亡母言しは、或僧大胆にて夜深く此屋敷の門とほるに、後で天狗笑ふ。今晩は大分よい御機嫌で御座りますと挨拶して過しに、何の事も無りしと。日記4-370

14（参考）　またその頃、御坊山に分け入り、研究に夢中になって、二日も三日も学校へ出て来なかったことがありました。その時は天狗様につれてゆかれたという噂が立ち、『てんぎゃん、てんぎゃん』と、あだ名されたものですが、惜しいかなこの健脚も晩年になって、植物採取と生態観察のため二ヵ月間も、山の中で露営された時、ひどい寒気のため足をやられ不自由になられました。　平野威馬雄『大博物学者—南方熊楠の生涯—』38　＊田中敬忠談

ドウマン（朱鼈）→カワタロウ（河太郎）

ドンガス→カワタロウ（河太郎）

ニクスイ（肉吸）

1　紀州田辺町辺、前田安右衛門、今年六十七歳、以前久しく十津川で郵便脚夫を勤めた。この人話に、むかし東牟婁郡焼尾(やけお)の源蔵という高名の狩人が果無(はてなし)山を行くと、狼来たってその袖を咬み引き留める。その時十八、九の美しき娘、ホーホー笑いながら来たり近づき、源蔵火を貸せという。必定妖怪と思い、やむをえずんば南無阿弥陀仏の弾丸で撃つべしと思ううち、何ごともなく去る。しかる時、狼またその袖を咬み行くべしと勧むる様子に、源蔵安心して歩み出した。その後また二丈ほど高き怪物に遇い、南無阿弥陀仏と彫りつけた丸(たま)で撃つと、大きな音して僵(たお)れたのを行って見れば白骨のみ残りあった、と。また二十五年前、前田氏、北山の葛川(くずかわ)郵便局に勤めおった時、ある脚夫、木の本の付近寺垣内(てらがいと)より笠捨(がさすて)という峠まで四里のウネ（東山の背）を夜行し来たるに、後より十八、九の若い美女ホーホー笑いながら来たり近づく。脚夫は提燈と火縄持ちあった。その火縄を振って打ち付けると女はうしろへ引き返した。脚夫葛川の局へ来たり、恐ろしければこの職永く罷むべしと言うゆえ、給料を増し六角（六発の訛称、拳銃のこと）を携帯せしめて、依然その職を勤めかの山を夜行したが一向異事なかった由。これは肉吸いという妖怪で人に触るればたちまちことごとくその肉を吸い取るとのこと。熊楠かつて二十年前出たウェルスか誰かの小説に、火星世界の住人、この地球へ来たり乱暴する体を述べて、その人支体(したい)に章魚(たこ)の吸盤ごとき器を具し、地上の人畜に触れてたちまちその体の要分を吸い奪い、何とも手に合わぬはずのところ、かの世界に絶えてなくてこの世界にあり余ったバクテリアが、かの妖人を犯して苦もなく仆しおわる、とあったと記憶するが、その外に類似の噺を聞いたことなく、肉吸いという名も例の吸血鬼(ヴァムパヤー)などと異なり、すこぶる奇抜なものと惟う。「紀州俗伝」2-363

ニンギョ（人魚）

1　「若狭の人魚」3-239

2　「人魚の話」6-305

a　このほど当地（紀州田辺）の好事家の蔵に、若狭の熊谷という小大名の旧蔵なりしという一幅を見、その画を写しおけり。3-229

a　南牟婁郡の潜婦（あま）の話に、海底に「竜宮の御花畑」とて、何とも言えぬ美しい海藻（も）が五色燦爛（さんらん）と密生する所へ行くと、乙姫様が顕われ、ぐずぐずすると生命（いのち）を取らると言い伝う。シレンスが花畑におるとは、美しき海藻より出た譚（ものがたり）ならん。6-309

b　予も本邦また海外諸国でしばしば人魚の乾物を見しも、いずれも猴の前半身へ魚の後半身を巧みに添え付けたるものなり。6-311

ヌエ（鵺）

1a　いわゆる騎馬の始祖ベレロフォンは、本名ヒポノイース、ギリシアのコリントの産、同郷人ベレロスを殺してベレロフォン（ベレロス殺し）と呼ばる。そのことで生所を立ち退き、チーリンスのプレッツスに寄るうち、プの妻アンテア、その若くて美なるに惚れ込み、しばしばヤイノを極むれども聴かざるを怨み、反ってベが自分に横恋慕すと夫に讒す。プレッツス怒って、その舅ヨバテースに宛て、隠語もてベを殺しくるるようの依頼状を認め、ベに持たせてヨに遣わす。ヨこれを読んで委細承知し、ベを自滅せしむべく、往きてキメーラを討たしむ。そは獅の首、山羊の胴、蛇の尾で、火を吐く鵺（ぬえ）同然の怪物だ。これより先、地中海の大神ポセイドン、馬や鳥の形に化けて醜女怪メズサを孕ませ、勇士ペルセウスがメの首を刎ねた鮮血より、飛馬ペガソス生まれた。ベレロフォンこれに騎れば鵺に勝ちうべきを知り、アテナ女神の社に眠りて金の韁を授（さず）かり、その告げによりて飛馬の父ポセイドンに牲（いけにえ）を献じ、その助力でかの馬泉水を飲みに来たところを捉え、騎って鵺を殪（たお）し、次にソリミ人、次に女人国を制服したとは武功のほど羨ましい。「馬に関する民俗と伝説」1-292

1b　ツェツェス説に、鵺ベレロフォンに火を吐きかけんとした時、べかねて鋒（きっさき）に鉛をつけおいた槍をその口に突っ込み、鉛鎔（とろ）けて鵺を焼き殺した、と。「馬に関する民俗と伝説」1-293

ネコ（猫）

1　いずれも、猫は恨み深く邪気勝った獣ゆえ、盗人のために殺され怨んで祟るから、という。むろん欧亜とも多く猫を魔物とするから、かかる譚もあるが、盗品発見に特にこれを使うは、もと盗人と鼠と一視したによるらしく、天主教の弁護士の守本尊イーヴ尊者像に猫像を添うるも、そんなことに起こると惟う（一五六六年板、アンリ・エチエンヌ『エロドト解嘲』一）。
「鼠に関する民俗と信念」1-581

ネコマタ（猫又）

1　「猫又」4-556

a　さて、『明月記』天福元年八月一日の条にみえたごとく、その猛獣の目が猫のようなるより、これを猫マタと名づけ、『和名抄』穿鑿せずに、マタに胯の字を充てた。それを宛て字と知らず、牽強して、猫老いて尾に岐あって、化けるから猫胯など言い出したとみえる。6-505

2　「猫又」6-502

3　わが邦で、猫を飼う初めに何年と時を定めて飼うと、期限来たれば去ってまた来たらず、あまり久しく飼えば猫又に化け、「猫じゃ猫じゃとおっしゃりますな、アニャニャニャンノニャン」と謡い踊ると言うごとく、晋時支那では、鶏を三年、犬を六載以上飼わず、白い犬鶏は必ず食わぬもので、これを食えば冥罰を受くると信じたのだ。「鶏に関する民俗と伝説」1-438

4　二月二十二日夜、今川林吉氏話す。去年夏江住村荒指といふ処にありしときに、南風強く吹たるが西にかはる。そのとき十四五の男児、海あみ居たりしが、海水中にて一脚の腓を通して皮裂け骨露はる。然るに血出ず、他の児に負れて家へゆく。土人語る。か丶ること毎々あり、猫又といふ。前年ありしは、舟を下すとて尽かし舟、なるき［ママ］等に飛のり漕ぎ行く内、一脚痛くなる。塩引くとき見るに右の如く裂ありしと。鎌鼬如く空気の作用にや、又此辺の人筋肉弱く力を入るれば裂けることもあるにやといふに、今川氏いふ。彼村は象皮病多しと也。日記4-363

ノヅチ（野槌）

1　「蛇に関する民俗と伝説」第8節1-191

a　予が聞き及ぶところ、野槌の大いさ、形状等確説なく、あるいは鼴鼠様の小獣で悪臭ありというが、『沙石集』の説に近い。あるいは、長五、六尺で面桶ほど太く、頭が体に直角をなしてついた状、槌の頭が柄についたごとしと言い、あるいは長二尺ほどの短大な蛇で、孑孑また十手を振り廻すごとく転がり落つとも馬陸ごとく環曲て転下すとも言い、また短き大木ごとき蛇で大砲を放下するようだから、野大砲と呼ぶ由を伝え、熊野広見川で実際見た者は、蝌斗また河豚状に前部肥えたもので、人に逢えば瞋り睨み、大口開いて咬まんとする態すこぶる滑稽たり、と言うた。日高郡川又で聞いたは、この物倉廩に籠ること往々あり、と。また大和丹波市近処に、捕り来たって牀下に畜うと、眼小さく体俵のように短大となり、転がり来たって握り飯を食らうに、すこぶる迂鈍なるを見た、と語った

人あり。写真を頼むと安く受け合われたが、六、七年も音沙汰を聞かぬ。1-192

2 「本邦における動物崇拝」野槌2-87

a また田辺湾の沿岸堅田の地に、古え陥り成れると覚しき、至って嶮しき谷穴（方言ホラ）あり、ノーヅツと名づく。俚伝にいわく、むかし野槌といえる蛇これに住み、長（たけ）およそ五、六尺、太さ面桶（めんつう）のごとく、頭、体と直角をなす状、あたかも槌のごとく、急に落ち下りて人を咬めり、と。よって今も人惶れてこの谷穴に入らず。2-88

3 予の現住地紀州田辺近き堅田浦に古え陥れると覚しき洞窟の天井なきような谷穴多く（方言ホラ）、小螺（こぼら）の化石多し。土伝に、むかしノーヅツ（上述野槌か）ここに棲み、長（たけ）五、六尺、太さ面桶（めんつう）ほどで、頭と体と直角をなして槌のごとく、急に落ち下りて人々を咬んだと言い、今も恐れて入らず。これ支那の蛟の原由同然かかる動物の化石出でしを訛伝したらしい。小螺化石多く出るから小螺躍び出て地を崩したと言うはずのところ、ノーヅツなる奇形化石に令名をしてやられ、今もその谷穴をノーヅツと称う。「田原藤太竜宮入りの譚」1-135

4a 野槌蛇 ノヅ、

川島曰く、野中村にあり、尾短く、恰も切たる如く頭尾一寸分ち難く、物を抛付れば転る如くに七八度かえり乍ら追かけ来る。一寸斗り、又甚大なるもある由。かみ付くと。日記2-484

4b 小学校にて宿直福田氏と話す。堅田にノヅチの古話あるをきく。日記3-352

4c 十時過目良氏を訪、野槌蛇の事をきく。日記3-366

4d 四十三年四月二十七日、小学校訓導福田重作氏に聞く。

ノーヅツ 西富田大字堅田字［欠字］谷の名。

昔しノヅチといふ蛇ありし穴ある。今も人恐れて入らず、又入り易からず。

頭状［図］。

大さ。頭、槌の如く、体は槌の柄の長さ位、凡そ五六尺位、太さワッパの如し。面桶（メンツウ）。日記4-343 ＊本書38ページ参照。

バケジゾウ（化け地蔵）

1 「化け地蔵」2-500

a 『東海道名所記』一にいう、（中略）熊楠案ずるに、支那にも類話あり。2-500

2 今年四月二十九日の『大阪毎日』紙、悟道軒円玉の「花の春遠山桜」一〇二回に、武州鴻巣を出て熊谷の土堤十八町、その中ほどに石地蔵の堂あり、享保ごろ武士がここで人を殺して金を奪い、この像に向かい、誰にもこのことを言うなというと、地蔵が錫杖を振り上げて、俺は言わぬがわれ言うなといったから、爾来熊谷の化地蔵という、と出ておる。前述ギリシア、アラビア、支那の諸例、いずれも鳥や泡沫が罪人を咎めたよう伝うるが、その実良心の呵責で犯人が自分の罪を洩らしたに外ならず。洵に石地蔵の戒めのごとし。この地蔵の話、何か書物に載せおるにや、教示を俟つ。「淮陽節婦の話　追記」5-507

ヒダルガミ（ガキ／ひだる神）

1　「ひだる神」3-567

a　予、明治三十四年冬より二年半ばかり那智山麓におり、雲取をも歩いたが、いわゆるガキに付かれたことあり。寒き日など行き労れて急に脳貧血を起こすので、精神茫然として足進まず、一度は仰向けに仆れたが、幸いにも背に負うた大きな植物採集胴乱が枕となったので、岩で頭を砕くを免れた。それより後は里人の教えに随い、必ず握り飯と香の物を携え、その萌しある時は少し食うてその防ぎとした。3-567

b　また西牟婁郡安堵峰辺ではメクラグモをガキと呼ぶ。いわゆるガキが付くというに関係の有無は聞かず。3-568

c　また紀州有田郡糸我峠にこのことあるということについて、糸我坂は県道で、相応に人通りある処であると言われたが（『民族』一巻一号一五七頁）、明治十九年、予がしばしばこの坂を通ったころまでは、低い坂ながら水乏しく、夏日上り行くに草臥れはなはだしく、まことに餓鬼の付きそうな処であった。和歌山より東南へ下るに藤白の蕪坂を越え、日高郡より西北へ上るに鹿ヶ瀬峠を越えてのち、労れた上でこの糸我坂にかかる。そんな所でしばしば餓鬼が付いたものと見える。3-569

2a　近く『民族』に、紀州の糸我峠で、むかし旅客が通行中毎度餓鬼にとり付かれたというを評して、立派な官道で低い山なり、餓鬼などのつきうる所と見えぬなどいわれたり。これは今日人力車や自働車が通ずるよう機械力で岩を削り山を穿って平易な道を作りし以後のことにて、吾輩十八、九のころ（明治二十年前）しばしば炎天にこの峠を越して、なるほど低き山なれども樹木少なく飲水なく道路迂折して、その辺の食物とては麁末極まるもののみなれば疲労はなはだしかりし。それを今日の官道を見た眼でかれこれいうは、古今の区別を知らぬ愚眼というのほかなし。「西村真次宛書簡（昭和2年4月28日）」8-615

2b　寒冬また炎暑中重き胴乱を負い林下谿谷を走り廻るうち、しばしば餓鬼につかれ、一度は渓流中の岩に頭を打ちつけ仰けに仆れしが、胴乱が頭の下に落ちありしゆえ、幸いに大きな負傷をせずにすみたり。かく仆れるは食物が不自由なりしゆえ、過労の極、急に脳貧血を生じ茫然として手足たしかならず、歩を失してそこへ僵るるに候。そのふせぎに米などの澱粉質のもの、また香の物などもちゆき口に入るれば、つきそうな餓鬼もつかずにすみ候、餓鬼が付くとは急発脳貧血に候。少生みずから毎度この難にあいしのみならず、他人に餓鬼が付くを見しことしばしばなるもまたかくのごとし。「西村真次宛書簡（昭和2年4月28日）」8-616

3　（参考）裏隣の多屋（寿平次）さんという山林持ちの富豪家

ともよく付き合っておりまして、多屋さんの弟さんなんかと一緒に熊野の本宮へ行く中辺路の方で採集をしたときの写真がございますが、多屋さんの弟さんがすぐダル（憑きもの）に憑かれるのですって、「先生、もう歩けん」と言って。そのとき下のほうへにぎり飯を放ってやる、ころころ放かしましたら、ダルというのはその辺におるのですが、そしたらまた元気になるんですって。ダルに憑かれるようなところはだいたい決まっているそうですけど。　南方文枝『父南方熊楠を語る』43

ヒトツダタラ（一つ踏鞴）→イッポンダタラ（一本踏鞴）

フルツバキ（古椿）

※イッポンダタラ（一本踏鞴）も見よ

1　熊野で古くツバキの木で槌を作るを忌み申し候。これは那智山に一足の鬼あり、ツバキで作りし槌と一足の鶏を使い兇悪をなす。ツバキで作りし槌は化けるとのことなり。拙妻のちょっと縁戚なるもの、請川と申す村にて豪族なり。何年のことにや大飢饉のとき、近傍の人民を救済するにただ物をやりてはつまらずという考えから、材木多く運ばせ八つ棟作りの家を立つ。その家は四十年ばかり前火事にて焼失す。（朝戸を開き始むると十時ごろに開き了り、さて午後二時ごろより閉じ始めて夕刻閉じ了りしというほど大きな邸なり。）この家の煙窓中に盗人三人かくれ住みしとか。さてこの家建ちて後、その天井裏、毎度雷のごとく鳴る。怪有のことに思い、大胆なるもの一人天井をはずし上り見るに、棟上げの式に用いし大槌をおき忘れありし。その槌はツバキの木で作りしとのことなり。貴地方にもツバキの木の槌は化ける由申し伝え候や。「寺石正路宛書簡（大正5年8月20日）」9-342

2　御報告中の槌が天井で鳴ると申す話も、熊野で今も存しおり、ちょうど第一回御状開披、精査中、小生招きに応じ治療に来たりし歯医（東牟婁郡生れ）は豪家の出で、その家むかし飢饉の年に村民救助のため、事業を与えんと、特に八つ棟作りの大厦を立て候（この大厦は後に焼亡、そのあとは小学校になって存す）節、大工、棟上げ式に用うる槌を忘れおき候ところ、爾後毎夜天井に雷ごとき声止まず。豪勇のもの、天井をはずし、上り見しに右の槌あり、取り下げて見れば椿で作りありしと申し候。また、ツバキの花は美なれど、頸から落ちるゆえ忌むことも田辺にて申し伝え候。「六鵜保宛書簡（大正五年）」9-428

3　六月五日午後、栗山清太郎氏来話。ツバキを床柱にすれば化ると云人ありと。日記4-370

ヘイケガニ（平家蟹）

1　「平家蟹の話」6-47

a　七月十二日の本紙三面堺大浜水族館の記に平家蟹の話があった。この平家蟹という物、所によって名が異る。6-47

b　右様の人間勝手の思い付きで、この蟹の甲紋を西海に全滅した平家の怨霊に擬えて平家蟹と名づけたが、地方によって種々の人の怨霊に托けて命名されおるは、上に『本草啓蒙』から引いた通りだ。6-48

ヘビ（蛇）

1　「蛇に関する民俗と伝説」1-159

a　この辺で俗伝に、安珍清姫宅に宿り、飯を食えば絶だ美し、覗くと清姫飯を盛る前必ず椀を舐る、その影行燈に映るが蛇の相なり、怪しみ惧れて逃げ出した、と。1-219

b　日本でも釈迦死んで諸動物みな来たり悲しみしに、蚯蚓だけは失敬したゆえ罰として足なしにされたと言うが、紀州には蛇の足に関する昔話あり。西牟婁郡水上という山村で聞いたは、トチハビキという蛙、むかし日本になかったが、トチハの国より蛇に乗って渡り来たる。報酬に脚をやろうと約したに今もって履行せず。蛇恨んで出会うごとこの蛙を食らうに、必ず脚より始むという。その蛙を検するに、どこにもある金線蛙だった。1-204

c　この辺でまた伝えしは、前掲トチハの国では蛇を常食としてダシを作る、と。されば現時持て囃さるる「味の素」は蛇を煮出して作るというも嘘でないらしいと言う人あり。琉球で海蛇を食うなどを訛伝したものか。1-219

2　「本邦における動物崇拝」蛇2-87

a　紀州に、歯痛む者、他人の打ち殺せる蛇を貰い受け、埋めてこれに線香を供え、拝し念じて効あり、と信ずる人あり。2-87

マクラガエシ（枕返し）

1　大正十年四月十八日、同郡中山路村大字東の人、五味清三郎氏より聞いたは必定同事異聞だろう。竜神村小又川の奥に枕返しの壇という、やや大きな壇あり。壇とは山中に樵夫等が盧居すべく地を平らに小高く開いた処だ。そこに十四、五年前まで古い檜の株の、木は失せて心のみ残りおった。むかしこの壇へ杣人多く聚まりこの檜を伐る。その木一本で上は七本に分かる。毎日伐れど夜のあいだに疵全く癒えて元のごとし。よって忍び伺うに、夜中に僧七人来たり、木の屑片を集めこれはここ、それはそこと言うて継ぎ合わす。さて人間は足らぬ者なり、何度伐ってもかく継ぎ合うなり、この木片どもを焼いてしまえば継ぎ合わすことならぬと気づかずと言う。そこで気づいて翌日木を伐り、ことごとくその切屑を焼いた。その夜僧七人山小屋に入り来たり、ことごとく杣人の鼻を捻る。炊夫一人これも捻られたが、これのみは釈すべしという。翌朝炊夫起きて見れば、一同枕を顛し外して死しあった。よってそこを枕返しの壇と呼ぶ、と。「巨樹の翁の話」2-39

マメタ（豆狸）

1　マメタと申し、狸の一種、至って小さく猫ほどのものあり、田辺湾の小嶼に至り、まめ種うると夜々来たり掘りて食う。小生みずからその頭顱を得たることあり。例の通い帳もち禿頭にて舌出しあるくという。このマメタなどは、偶然たる一の変種にて、決して尋常の狸にあらず。しかるに、今日まで動物学者がこの変種あるを記したものを見ず。「柳田國男宛書簡（大正三年七月二〇日）」8-453

ミコシニュウドウ（見越し入道）

1　見越し入道ということ、田辺辺に今もあいしという老人あり。「柳田國男宛書簡（明治四四年一〇月九日）」8-148

ミズチ（メドチ／蛟）

1　わが国に古くミヅチなる水怪あり。『延喜式』下総の相馬郡に蛟蝄神社、加賀に野蛟神社二座あり。本居宣長はツチは尊称だと言ったは、水の主くらいに解いたのだろ。また柳田氏は槌を霊物とする俗ありとて槌の意に取ったが、予は大蛇をオロチ、巨蟒をヤマカガチと読む等を参考し、『和名抄』や『書紀』に蛟や虬いずれも竜蛇の属の名の字をミヅチと訓んだから、ミヅチは水蛇、野蛟は野蛇の霊異なるを崇めたものと思う。今も和泉、大和、熊野に野槌と呼ぶのは、尾なく太短い蛇だ（『東京人類学会雑誌』二九一号の拙文〔「本邦における動物崇拝」〕を見よ）。その蛟が仏国の竜同様変遷したものか、今日河童を加賀、能登でミヅシ、南部でメドチ、蝦夷でミンツチと呼ぶ由。「田原藤太竜宮入りの譚」1-116

2a　現今ミヅシ（加能）、メドチ（南部）、ミンツチ（蝦夷）など呼ぶは河童なれど、最上川と佐渡の水蛇よく人を殺すと言えば（『善庵随筆』）、支那の蛟同様、水の主たる蛇が人に化けて兇行するものを、もとミヅチと呼びしが、後世その変形たる河童がもっぱらミヅシの名を擅まにし、ご本体の蛇は池の主、淵の主で通れど、ミヅチの称を失うたらしい。「蛇に関する民俗と伝説」1-159

2b　わが邦のミヅチ（水の主）は、最初水辺の蛇よく人に化けるもので、支那の蛟同様、人馬を殺害し、婦女を魅し淫する力あったが、後世一身に両役叶わず、本体の蛇は隠居して池の主、淵の主で静まり返り、ミヅチの名は忘らる。さて、その分身たる河童小僧が、ミヅシ、ミドチ、ミンツチ等の号を保続して、肛門を覘うたり、村婦を妊ませたり、荷馬を弱らせたりしおると判る。もし本土のどこかに多少有害な水蛇が実在するかしたかの証左が挙がらば、いわゆる河童譚はもと水蛇に根拠した本邦固有のもので、支那の蛟の話と多く相似たるは偶然のみと確言しうるに至らん。「蛇に関する民俗と伝説」1-197

ミミズ（蚯蚓）

1　また日高郡丹生川大字大谷に蚯蚓小屋というは、むかしこの杣小屋へ大蚯蚓一疋現われしを火に投ずると、しばらくの間に満室蚯蚓で満たされ、その建物倒れそうゆえ逃げ帰った、その小屋址（あと）という。ずいぶん信（う）けられぬ話のようだが、何か基づくところがあるらしい。「蛇に関する民俗と伝説」1-210

ムジナ（貉）

1　「貉」5-474

a　紀の国坂を通り掛かった商人が逢った怪物は、先に娘、後に夜蕎麦売りと化けおったが、いずれも顔が玉子のように、眼鼻口ともなかったとハーンが書いたは、この久々利山麓の妖怪譚の焼直しであろう。

予が知るところ、この筋の怪譚のもっとも古いのは、晋の干宝が今より千六百年ほど前に書いた『捜神記』に出づ。5-476

メドチ（蛟）→ミズチ

モウシュウ（毛しゅう）

1　「『源平盛衰記』の怪鳥モウシュウについて」5-321

a　熊楠、唐の段成式の『酉陽雑俎』一六を見るに、秦中山谷の間に鳥あり、梟のごとし、色青黄にして肉翅あり、好んで煙を食らう、人を見ればすなわち驚き落ち、首を草穴の中に隠し、常に身を露わす、その声嬰児のごとく啼く、老鶉を訛ったであろう。ムササビを飼うて見しに、昼は首を隠し尾を被りおる。その状は羞じるごときゆえ鶉と名付けたらしい。5-321

モクリコクリ（モックリコックリ）

1　さて飯降山の祭礼を五月五日に行なう理由は知らぬが、紀州田辺近傍では、近時まで三月三日山に入れば、「モクリコクリ」出るとて、山に遊ばず浜に遊び、五月五日海に入れば、かの怪出るとて、海に近づかず山に赴き、宝の風を吹かしに往く、と言うた。むかし彼輩異国より攻め来たったが、端午の幟の威光でことごとく敗死した。その亡霊が残りおると言う。「モクリコクリ」は、麦畑中に、たちまち高くたちまち低く、一顕一消する、人の形したる怪物と信ずる者あり。神子浜にて言うは、鼬様の小獣、麦畑におり、夜麦畑に入る者の尻を抜く、と。これは田鼠（むぐらもち）と河童を混製したらしい。「『郷土研究』一至三号を読む」越前の飯降山2-599

2　下女とめ曰く、モックリコックリ、神子浜（みこのはま）にていふは、イタチ如き小獣麦畑の中にあり、夜麦畑に入る者の尻を抜くと。松枝曰く、麦畑中に忽高く忽ち低く一顕一消する怪也と。委（くわし）きことを知らず。以前田辺々のもの、五月五日海辺にゆけばモックリコックリ出来るとて決して行ず、山に之く。宝の風を吹さんといふてゆく。三月三日山に入ればモックリコックリ出るとて海に之く。昔し五月節句の日攻来りしが、五月の旗の威光で敗死せりと。日記4-367

ヤタガラス（サンボンアシのカラス／八咫烏）

1「牛王の名義と烏の俗信」第2節　2-174

a　されば、熊野烏の尊ばれたなども、これに関して外国と異なることども多きより推すと、熊野に烏を神視する固有の古俗あって、そのことあるいは外国に類例あり、あるいはこれがなかった。しかるところへ、外国から牛王の崇拝入り来たったので、本来烏を引いて誓言すると、新来牛王を援いて盟証するとちょうど似たところから、烏像を点じて牛王宝印とし、牛王といえば烏の画札と解するまで因習流行したことと惟う。2-192

2「八咫烏のことについて」5-390

a　和歌山県海草郡加茂村は、この烏となり、皇軍を熊野山中から大和宇陀邑まで導きし健角見命の生処なりとて、大字小南の紀神社というに古くより奉祀せるを、近年加茂神社とて、はるか後に勧請せし社へ合祀して、見る影もなき小祠となし、さしも広大なりし社跡を全然滅却、石段を噴火孔のごとく掘り去れりと、県誌編纂主任内村義城翁、新聞紙上その乱暴を責め立てたり。3-390

b　今も熊野神使は烏にて、人の死を予告するなど言い伝うるなり。3-391

ヤマジョウロ（山女郎）

1「山女郎」、美女にて林中に出て人を魅す、と。「柳田國男宛書簡（明治四四年四月二二日）」8-17

ヤマオトコ（ヤマオジ・ニタ／山男）

1「山人外伝資料」2-529

a　以上の諸例、山男よりはずっと満足な諸民すら、ずいぶん変な物を食うを見て、むかし本邦に密林多く、市邑人が入り込むこと稀だった時代に、半人半獣の山男、山姥の食料は、十分豊穣だったと知るべし。2-531

2「山人の衣服について」3-191

a　山男には衣服は不用と存ず。衣食住とは申せど、このうち衣は全く不用のこと多し。3-191

3「山オジ」、男にて山中にあらわれ、大声で人を呼ぶ。これと声を比ぶれば人終に斃る。ただし、人まず声を発すれば、山オジ敗北す、と。「柳田國男宛書簡（明治四四年四月二二日）」8-16

4 また貴下願わくは山男を原始の人間とのみ見ることなかれ。古え経済上の準備不整なる世には、通常の人間なりとも飢荒等にて山居野処し、社会と距りすまば、堕落して一、二代の後には純然たる山男となりし例は多からん。「柳田國男宛書簡（明治四四年六月一二日）」8-47

5 小生らが従来山男（紀州にてヤマオジという、ニタともいう）として聞き伝うるは、そんな人間をいうにあらず。丸裸に松脂をぬり、鬚毛一面に生じ、言語も通ぜず、生食を事とする、いわば猴類にして二手二足ある（猴類は四手にして足なし）もので、よく人の心中を察し、生捉（いけど）り殺さんと思うときはたちまし察して去る（故にサトリともいう）というもので、学術的に申さば、原始人類ともいうべきものなり。「柳田國男宛書簡（大正五年一二月二三日）」8-485

6 近露にセンパチといふ猟師有り、山に入て山男にあひ、咆ることをくらぶ。セン八約すらく、汝叫ぶとき吾れ耳を塞ぐべし、吾叫ぶとき汝眼を塞ぐべしと。因て其通りし、山男眼を塞ぐ所を銃殺し、山男の形体砕て跡を留めず、其鳥銃を近露の宮に納めありしと。日記4-367

ヤマンバ（ヤマウバ／山姥）

1 「山姥の髪の毛」2-535

a 山姥（やまんば）の髪の毛と那智辺で呼ぶ物、予たびたび見たり。水で潤（ぬ）れた時黒く、乾けば色やや淡くなって黄褐を帯び、光沢あり、やや堅くなる。長きは七、八寸また一尺にも及ぶ。杣人などに聞くに、ずっと長いのもあり、と。（中略）予那智山中で始めて見し時、奇怪に思いしが、近づき取って鏡検して、たやすくそのマラスミウス属の帽菌の根様体（リゾモルフ）たるを知ったが、その後植物学会宇井縫蔵氏が近野村で取り来たりしを貰うと、予想通りマラスミウスの傘状体（ピレウス）（俗にいう菌（きのこ）の傘）一つ生じあった。2-535

b 安堵峰辺で、樅（もみ）に着く山姥（やまんば）の陰垢（つびくそ）と呼ぶ物を二つ採ったが、これは鼠色で膠の半凝様の菌（きのこ）で、裏に細かい針がある。トレメロドン属のものだ。2-536

2 熊野諸処の俗伝に、猟犬の耳赤きは貴し、その先祖犬山姥を殺し自分耳にその血を塗って後日の証としたのが今に遺ったと言う。「虎に関する史話と伝説」1-34

3 西牟婁郡五村（ごむら）、また東牟婁郡那智村湯川（ゆかわ）の猟師に聞いたは、猟犬の耳赤きは、山姥（やまうば）を殺し、その血をみずから耳に塗って、後日の証とした犬の子孫として貴ばる、と。「紀州俗伝」2-325

4a 西牟婁郡兵生（二川村の大字、ここに当国第一の難所安堵が峰あり、護良親王ここまで逃げのびたまい安堵せるゆえ安堵が峰という、と）、ここにて聞きしに、むかし数人あり、爐辺におりしに、畏ろしさに耐えずみな去り、一人のみ残る。婆来たり、米三升炊げ、という。よって炊ぐうち、熊野道者来たりければ、右の婆大いに惧れ去る。道者右の人を導き安全の所に至らしめ、右の婆は山姥にて米炊ぎ上った上、汝を飯にそえて食わんとて来たりしなり。われは熊野権現、汝を助くるなりとて去りしという。「柳田國男宛書簡（明治四四年四月二二日）」8－15
4b 「山姥」、キクラゲ（木耳）のことを、この辺で山姥のツビクソ（陰門の垢）と申す。老女体、何をするということ聞かず、上に述べたる話によるに、人を食うものか。「柳田國男宛書簡（明治四四年四月二二日）」8－17

リス（栗鼠）

1 「栗鼠の怪」3－177
a 熊野最難処の一たる兵生の猴退治譚に、栗鼠が卜者と化したとあるは、古くかの地でいかに栗鼠を神怪視したかを示す。栗鼠を神怪視した理由は種々あるべきも、前述通り、一疋殺さば、そのあたり栗鼠だらけに現わるというのが、その主なる一理由だ。3－179
b よって考うるに、今も栗鼠多い地では、時に本誌五巻一号三七頁にみえた風に、ほとんど無数の栗鼠が、一疋殺された跡へ現われることがなきにしもあらずで、おいおい栗鼠を魔物視するに及んだであろう。予がみずから知るところと、人から聴いたところを合わせ稽（かんが）うるに、ある一動物を殺した跡から、続々同種の物が出て来るは、炎天の水辺と、餌に富んだ地と、今一つはかれらが交尾期に入った時季に多いようだ。3－179
2 紀州安堵峯辺でいう、栗鼠は獣中の山伏で魔法を知ると、これややもすれば樹枝に坐して手を拱し礼拝の態を為すに基づく。さて杣人一日山に入りて儲けなく、ちょっと入りて大儲けする事もあればこれも魔物なり。杣人山中で栗鼠に会うに、杣木片すなわち斧で木を伐った切屑また松毬を投げ付けると、魔物同士の衝突だからサア事だ、その辺一面栗鼠だらけになると。「蛇に関する民俗と伝説」1－210
3 由良村辺で、栗鼠は強きもので犬も困る、と言う。その様子を聞くに、尋常の小さき栗鼠にあらず。大なる種「おかつき」のことだ。西牟婁郡二川村大字兵生（ひょうぜ）で聞いたは、栗鼠は魔物で一疋殺さば殺したあたり栗鼠だらけに現わる。かく魔術心得たものゆえ同地方で聞いた猿退治（『郷土研究』一巻三号一七〇頁）にも、栗鼠を山伏としおるのだと言う。予、深山で栗鼠に遇いしこと何度というを知らぬが、あまり人を畏るる体見えず。追えば樹を遶りて登り、たちまち枝上に坐して手を合わせ祈念するの状（さま）をなす。これよりかかる迷信を生じただろ。おまけに尾を負うて頭に戴く状、また山伏が笈を負い巾（きん）を冒（いただ）くに似たり。「紀州俗伝」2－346
4 栗鼠は山伏が変せしものにて、魔法を有す。これを打たんとするに、尾をもって身を蓋う。もしこれを打ち得ば、分身してたちまし四面八方ことごとく栗鼠をもって盈（み）たさる。その間に、猟師一睡の夢に神現じ、しかじかすべしと教う。よって間に乗じ、神勅のままに盥二つもち来たり、おのおのに犬一疋ずつ伏せ匿し置く。「柳田國男宛書簡（明治四四年四月二二日）」8-18

5　又曰く、栗鼠は化るといふと。強きものにて犬もこまると。其話をきくにオカツキ也。日記4-373

リュウ（竜）

1　「田原藤太竜宮入りの譚」1-83

a　予今年七十六歳の知人より聞くは、若い時三井寺で件の鐘を見たるに獲裂筋あり、往昔弁慶、力試しにこれを提げて谷へ擲げ下とすと二つに裂けた。谷に下り推し合わせ長刀で担うて上り、堂の辺へ置いたまま現存した。またその鐘の面に柄付の鐘様の窪みあり、竜宮の乙姫が鏡にせんとてこの所を採り去ったという、由来書板行して寺で売りおった、と。1-87

b　予はかかる仏家の宿命通説のような曖昧な論よりは、竜は今日も多少実在する鱷等の虚張談に、蛇崇拝の余波や竜巻、地陥り等、諸天象、地妖に対する恐怖や、過去世動物の化石の誤察等を堆み重ねて発達した想像動物なりと言うを正しと惟う。1-136

リュウトウ（竜燈）→カイカ（怪火）

ロクロクビ（轆轤首）

ボルネオの海ダヤク人はタウ・テパン（飛頭蛮）を怖るることはなはだし。こはその頭が毎夜体を離れ抜け出て、夜すがらありたけの悪事を行ない、旦近く体へ復るので、里閭これと交際を絶ち、もろもろの厭勝を行ない、その侵入を禦ぎ、田畠にはかれが作物を損じに来る時、その眼と面を傷つくるような竹槍を密に植える。あるいは言う、むかしその地を荒らした大蛇の霊がわが舌を取って食いえたら、頭だけ飛行自在にしてやると教えたに始まる、と（六年前四月二十日の『ネーチュール』）。「蛇に関する民俗と伝説」1-211

（伊藤慎吾編）

熊楠妖怪関連年表

西暦（元号）	年齢（数え年）	妖怪関連	参考事項
一八六七（慶応三）	一		4・15 誕生。
一八七三（明治六）	六		4・1 長島金三郎、生駒山でテングを見る
一八八六（明治一九）	二〇	夏 糸我峠でヒダルガミに憑きそうな経験をする	12・22 横浜から米国に旅立つ
一八八八（明治二一）	二二		2・23『Letters on demonology and wichcraft』購入 是年 熊野山中にニクスイが現れる
一八八九（明治二二）	二三		3・4『The Fairy Mythology』購入
一八九二（明治二五）	二六		9・14 米国を発ち英国に向かう（一九〇〇年帰国）
一九〇二（明治三五）	三六	11・8『山の神草紙』初見	
一九〇四（明治三七）	三八	9・28 ウシオニの話を聞く 12・20 ノヅチの話を聞く	
一九〇六（明治三九）	四〇		5 万呂で牛がカッパに襲われる
一九〇七（明治四〇）	四一	是年 オクリスズメ・コメツブの話を聞く	
一九〇八（明治四一）	四二	4「ダイダラボウシの足跡」発表 4「幽霊に足なしということ」発表 6頃 ウシオニの話を聞く この頃 岩城山稲荷付近で光り物（アオサギ）を目撃する	1『The Golden Bow』購入
一九〇九（明治四二）	四三	1・25 テングの話を聞く 1・30 カシャンボの話を聞く 5「出口君の「小児と魔除」を読む」発表	7「邪視のこと」発表 12『紀伊続風土記』刊行
一九一〇（明治四三）	四四	4・18 ノヅチの話を聞く	3・24〜4・4『紀伊続風土記』抄写

4・27　ノヅチの話を聞く
6・6　ノヅチの話を聞く
7　「本邦における動物崇拝」発表
9　「人魚の話」発表
10　「田辺七不思議」発表
11　「本邦における動物崇拝　追加」発表
11・29　イッポンダタラ・ウシオニ・ヤマオジ・ヤマジョーロ・ヤマンバ・リスの怪異を聞く
11・30　ヘビの怪異を聞く

10　柳田國男「山の神とヲコゼ　壱」発表

一九一一（明治四四）

四五

3　「本邦における動物崇拝　付記」発表
「山の神ととオコゼ魚1〜3」発表
3・21　柳田國男から「山神とヲコゼ」抜刷をもらう。文通開始
4　「山の神とオコゼ魚4〜8」発表
4・22　イッポンダタラ・オメキ・カッパ・ヤマジョウロ・ヤマオトコ・ヤマンバ・リスの怪異について手紙に記す（柳田國男宛）
5　「山の神とオコゼ魚9〜10」発表
5・25　サルの怪異について手紙に記す（柳田國男宛）
7・9　カッパの話を聞く
9・18　カッパ・カワタロウについて手紙に記す（柳田國男宛）
9・27　カッパについて手紙に記す（柳田國男宛）

2　柳田國男「山の神「オコゼ」魚を好むと云ふ事」発表
2・23　高木敏雄から『奇異雑談集』を贈られる
8　「睡眠中に霊魂抜け出づとの迷信」発表

年	年齢	事項	
		9・29 ダイダラボウシについて手紙に記す（柳田國男宛） 10・8 カシャ・カッパ・ガリョウについて手紙に記す（柳田國男宛） 10・9 カッパ・ミコシニュウドウについて手紙に記す（柳田國男宛） 10・10 テングについて手紙に記す（柳田國男宛） 10・13 キツネについて手紙に記す（柳田國男宛） 10・14 キツネについて手紙に記す（柳田國男宛）	
一九一二（明治四五／大正一）	四六	1 「河童について」発表 1・15 カッパについて手紙に記す（柳田國男宛） 3 「八咫烏のことについて」発表 是年 サンボンアシノトリの話を聞く	8 「睡眠中に霊魂抜け出づとの迷信 完」発表 「通り魔の俗説」発表 夏 江住近くの海で海水浴中の少年がネコマタに襲われる 9 「悪眼（イヴル・アイ）の話1～10」発表 10 「悪眼（イヴル・アイ）の話11～16」発表 是年 鉛村でイシウチを装う事件が起こる
一九一三（大正二）	四七	1・5 キツネの怪異を聞く 1・24 アオサギ・ウブメについて手紙に記す（柳田國男宛） 2・22 ネコマタの話を聞く 4 「紀州俗伝1」発表 5 「紀州俗伝2」発表 5・11 キツネ・モクリコクリの話を聞く 5・18 ヤマオトコの話を聞く	

5・30　カッパの話を聞く
5・31　アナグマ・イッポンダタラ・ウシオニ・サンボンアシノトリの話を聞く
6　「紀州俗伝3」発表
6・2　サンボンアシノトリの話を聞く
6・5　テング・フルツバキの話を聞く
7・10　リスの怪異を聞く
7・11　イッポンダタラ・カッパの話を聞く
8　「紀州俗伝4」発表
9　「呼名の霊」発表
「平家蟹の話」発表　＊『日刊不二』連載
9・13　カッパ・ヤマワロについて手紙に記す（柳田國男宛）
10　「紀州俗伝5」発表
11　「平家蟹の話」発表　＊『不二』4掲載
是年　「石、真珠、骨が増えるとされること」成稿

一九一四（大正三）

四八

1　「虎に関する史話と伝説、民俗1」発表
「石芋　紀州俗伝6」発表
「化け地蔵」発表
2　「紀州俗伝7」発表
「山人外伝資料」発表
3　「山姥の髪の毛」発表
4　「池袋の石打ち」発表
5　「虎に関する史話と伝説、民俗2」発表
6　「紀州より　紀州俗伝8」発表
6・2　イッポンダタラ・カッパ・ヤマワロについて手紙に記す（柳田國男宛）

5・28〜9・26　『甲子夜話』抄写

年	年齢	著作	事項
		7 「虎に関する史話と伝説、民俗 完」発表 7・6 カワタロウについて手紙に記す（柳田國男宛） 7・20 カッパ・マメタについて手紙に記す（柳田國男宛） 8 「長柄の橋柱 紀州俗伝9」発表 9 「紀州俗伝10」発表 11 「雷の臍 紀州俗伝11」発表 11 「「一つだたら」という妖怪について」発表	6・24 柳田國男から『植物妖異考 上』を贈られる 7・4 柳田國男から『山島民譚集』を贈られる 8・30 柳田國男から『植物妖異考 下』を贈られる
一九一五（大正四）	四九	1 「兎に関する民俗と伝説」発表 「河童の薬方」発表 2 「生駒山の天狗の話」発表 3 「紀州より 紀州俗伝12」発表 4 「一極めの言葉 紀州俗伝13」発表 「地蔵菩薩と錫杖 紀州俗伝14」発表 5 「打出小槌の童話 紀州俗伝15」発表 「天狗の情郎」発表 「ニクと称する動物」発表 「槌の子の化けた話」評注 6 「琵琶法師怪に遭う話」発表 7 「紀州俗伝16」発表 9 「幽霊の手足印」発表 「紀州の七人塚 紀州俗伝17」発表 「竜燈について」発表	5 米国の植物学者スウィングルに『山の神草紙』を見せる 9 「墓から生えたという植物」発表

年	年齢	事項	その他
		10 「磐—鰐口—茶吉尼天1」発表 「竜燈について　続」発表 「熊野の天狗談について」 11 「竜燈について　完」発表	
一九一六（大正五）	五〇	1 「田原藤太竜宮入りの譚1」発表 「磐—鰐口—茶吉尼天2」発表 「竜燈補遺　竜燈について4」発表 2 「田原藤太竜宮入りの譚2」発表 「血を吸わぬ蛭　紀州俗伝18」発表 3 「田原藤太竜宮入りの譚　完」発表 「The Dragon-fly」発表 8・20 フルツバキについて手紙に記す（寺石正路宛） 9 「若狭の人魚」発表 11 「山オコゼのこと」発表 「家の怪」発表 12 「竜燈談　追記　竜燈について　完」発表 12・23 ヤマオトコについて手紙に記す（柳田國男宛） 是年　イッポンダタラ・フルツバキについて手紙に記す（六鵜保宛）	1 「魂空中に倒懸すること」発表 3 「Cat Folk-lore」発表
一九一七（大正六）	五一	1 「蛇に関する民俗と伝説1」発表 2 「蛇に関する民俗と伝説2」発表 4 「茶吉尼天について　追補　磐—鰐口—茶吉尼天　完」発表 6 「蛇に関する民俗と伝説3」発表 12 「蛇に関する民俗と伝説　完」発表	

年	年齢	事項	事項
一九一八（大正七）	五二	1「馬に関する民俗と伝説1」発表 2「肉吸いという鬼　紀州俗伝　完」発表 「馬に関する民俗と伝説2」発表 4「馬に関する民俗と伝説3」発表 5「馬に関する民俗と伝説4」発表 6「馬に関する民俗と伝説5」発表 9「馬に関する民俗と伝説6」発表 「天狗の情郎　完」発表 10「あやかし」発表 12「馬に関する民俗と伝説　完」発表	8「箱根の幽霊屋」発表
一九二〇（大正九）	五四	是年　コサメコジョロウの話を聞く	8「耶蘇の亡霊」発表
一九二一（大正一〇）	五五	1「鶏に関する民俗と伝説1」発表 2「鶏に関する民俗と伝説2」発表 3「鶏に関する民俗と伝説3」発表 4・18　マクラガエシの話を聞く 11「件」発表 「おばけ」発表 12「鶏に関する民俗と伝説　完」発表	
一九二二（大正一一）	五六	6「巨樹の翁　巨樹の翁の話1」発表 「大木の話　巨樹の翁の話2」発表 12「巨樹の翁および大木の話　追加　巨樹の翁の話3」発表	8「富士の人穴入り」発表 11「大魚を島と誤認した話」発表
一九二三（大正一二）	五七		1『徳川文芸類聚4』抄写

年	年齢	著作	その他
		2 「巨樹の翁の話　追加」発表 「妖怪が他の妖怪を滅ぼす法を洩らした話1」発表	4 「高尾の幽霊」発表 12・8 『Vikram and the Vampire』購入
一九二四（大正一三）	五八	1 「鼠に関する民俗と信念」成稿　＊『太陽』誌上に掲載されず 4 「淮陽節婦の話1」発表 6 「妖怪が（他の）妖怪を滅ぼす法を洩らした話追記」発表 7 「淮陽節婦の話　完」発表 「支那の鰐魚について」発表 8 「『源平盛衰記』の怪鳥モウシュウについて」発表 12 「無形の幽霊」発表	
一九二五（大正一四）	五九	4 「妖怪が（他の）妖怪を滅ぼす法を洩らした話完」発表 6 「Mummy-hunters」発表 「The Headless Horse」発表 10 「Dragon-fly」発表	
一九二六（大正一五／昭和一）	六〇	3 「ひだる神1」発表 4 「『土のいろ』を読みて1」発表 6 「八大竜王　『土のいろ』を読みて　完」発表 7 「ひだる神のこと　ひだる神2」発表 9 「シシ虫の迷信ならびに庚申の話」発表	2 『南方閑話』刊行 5 『南方随筆』刊行 6 「Dragon-fly」発表

			11 『続南方随筆』刊行
一九二七（昭和二）	六一	4・28 キツネ・テング・ヒダルガミについて手紙に記す（西村真次宛） 7 「ひだる神　完」発表	8 雑賀貞次郎『牟婁口碑集』刊行
一九二八（昭和三）	六二		是年 『Chinese ghouls and goblins』購入
一九二九（昭和四）	六三	5 「尾崎君の「振鷺亭の怪談会本」を読む」発表 11 「カシャンボ（河童）のこと」発表 12 「狐と雨1」発表	6・23 『The pedigree of the Devil』購入 10 「邪視について」発表
一九三〇（昭和五）	六四	2 「狐と雨　追加」発表 5 「アマンジャクが日を射落とした話1」発表 「アマンジャクが日を射落とした話　追記」発表 6 「アマンジャクが日を射落とした話　再追記　完」発表 「『芳賀郡土俗資料第一編』を読む」発表	3 「一目の虫」発表
一九三一（昭和六）	六五	4 「狐使いと飯縄使い1」発表 6 「狐使いと飯縄使い　完」発表 7 「栗鼠の怪」発表 8 「人が虫になった話」発表 「猫又」発表	3 「邪視という語が早く用いられた一例1」発表 4 「邪視という語が早く用いられた一例　追加　完」発表 5 「大鼠」発表 9 「虱が人を殺した話」発表

		11「足を薪とした怪婆」発表	
一九三二（昭和七）	六六	7「『釣狐』の狂言」発表 8「人に化けて人と交わった柳の精」発表	
一九三三（昭和八）	六七	5「ヌシという語」発表 12・24　テングについて手紙に記す（岩田準一宛） 12・30　テングについて手紙に記す（岩田準一宛）	
一九三七（昭和一二）	七一	3「タクラタという異獣」発表	
一九三八（昭和一三）	七二		2・5　横山重から『室町時代物語集　一』を贈られる
一九四一（昭和一六）	七五	9・15　キツネについて手紙に記す（雑賀貞次郎宛）	12・29　死去。

（伊藤慎吾作成）

あとがき

二〇一六年七月一六日から九月一一日にかけて、南方熊楠顕彰館で第二一回特別企画展「熊楠と熊野の妖怪」を開催した。これを担当したのが、本書の著者の伊藤・飯倉・広川の三名であった。展示に向けて、その年の春から、我々は文献を調査し、未翻刻の資料を四苦八苦して判読し、また伝承地を歩き、関連情報を集め始めた。

その過程で思ったのは、熊楠の情報の広さである。欧米や中国の書籍、あるいは仏典は言うまでもなく、銭湯や床屋での雑談までマメに記録して、使えるものを使っている。取り分け妖怪に関しては土地の街談巷説でさえも注意していたようだ。そして、そのおかげで、今では他に見出し得ない妖怪伝承が熊楠の生きた時代には存在していたことを確認できるのである。また、カシャンボやコサメ小女郎のように比較的知られた妖怪であっても、他の伝承記録と見比べた時、その多様性に気付くことができるだろう。

熊楠は随所で怪異や妖怪に関して言及しているが、これは書き散らしているとも言える。「小児と魔除」の中で牛鬼が、「幽霊の足なしということ」の中でカシャンボが取り上げられているというのは、ちょっと分からないだろう。こうした言説を整理することで、熊楠の著述を妖怪資料としてもっと生かせるようになればいいと考えている。付録の「熊楠妖怪名彙」は展示の準備の中で作成したものだが、そうした用にも使ってもらえればと思う。ただ、雑誌『熊楠研究』などに紹介された資料は取り入れていない。今後増えるであろう翻刻資料と併せて、各自で増補していって頂きたい。

さて、〈熊楠と妖怪〉という企画の本は、ありそうでいて、これまでなかったものである。きっと関心をもってくれる人も多いだろうと期待して、展示企画をもとに、書籍化を目指すことにした。展示会以降も未踏査の伝承地を歩いたり、文献調査をしたりしてきた。そしてある程度切りの良いところでまとめることにした。それが本書である。

どのような場所に、どのような妖怪が現れたのか。まだ和歌山を訪れたことのない人でも、伝承地の写真とともに想像して楽しんでくれたら幸いである。そして、各々銘々の関心に従って調べたり、歩いたりする人が出てくることを期待するものである。

本書を成すにあたり、南方熊楠顕彰館には調査や取材ばかりでなく、資料の閲覧・掲載に多大なご助力を得た。巻頭に掲げた地図もご提供頂いたものに基づき作成したものである。深く感謝申し上げる。また、顕彰館での展示以来、多くの方々や機関の協力を得た。特にお世話になった方々は次の通りである（敬称略・五〇音順）。

岸本昌也・郷間秀夫・高須英樹・田村義也・中島敦司・西尾浩樹・沼野正博・細田徹治・丸村眞弘・宮本憲司・撃鼓山法輪寺・和歌山大学教育学部

また、あおい書店（田辺市下屋敷町）主人には同書店刊行の熊野歴史懇話會編『繪葉書で見る熊楠の居た頃の田辺　下』（二〇一二年）、同編『繪葉書で見る明治・大正・昭和初期の南紀白浜温泉』（二〇一三年）掲載写真の画像掲載のご許可を特別に頂いた。また、三弥井書店の吉田智恵さんには内容構成からレイアウトまで多くの時間を費やして作業して頂いた。お礼申し上げる。

最後になったが、妖怪伝承地を歩く中、お話を聴かせて下さったり、車に乗せて下さったりした地元の皆さまにお礼申し上げる。

（文責・伊藤慎吾）

【参考文献】

飯倉照平　二〇一三『南方熊楠の説話学』勉誠出版
飯倉照平（監修）、松居竜五・田村義也・中西須美（訳）二〇〇五『南方熊楠英文論考「ネイチャー」誌篇』集英社
飯倉照平（監修）、松居竜五・田村義也・志村真幸・中西須美・南條竹則・前島志保（訳）二〇一四『南方熊楠英文論考「ノーツアンドクエリーズ」誌篇』集英社
伊藤慎吾　二〇一七「熊楠「随聞録」と紀伊熊野の山々に棲む妖怪」（『ビオシティ』七〇）
伊藤慎吾　二〇一八「南方熊楠と『甲子夜話』」（『学習院女子大学紀要』二〇）
伊藤慎吾　二〇一八「南方熊楠の妖怪研究と近世説話資料」（『説話文学研究』五三）
今枝杏子　二〇一三「南方熊楠と近世説話―『奇異雑談集』を中心として」（『熊楠works』四二）
宇井縫蔵　一九二五『紀州魚譜』紀元社
国際日本文化研究センター「怪異・妖怪伝承データベース」http://www.nichibun.ac.jp/youkaidb/
沢村経夫　一九八一『熊野の謎と伝説―日本のマジカル・ゾーンを歩く』工作舎
関敬吾　一九七八〜八〇『日本昔話大成』全一二巻　角川書店
中瀬喜陽・長谷川興蔵（編）一九九〇『南方熊楠アルバム』八坂書房
広川英一郎　二〇〇七「雑賀貞次郎『牟婁口碑集』を読む」（『昔話伝説研究』二七）
平凡社　一九七一〜一九七五『南方熊楠全集』全一二巻
松居竜五　二〇一八「米国連邦議会図書館蔵南方熊楠からスウィングルに贈られた絵巻物一式」（『熊楠works』五二）
松居竜五・田村義也（編）二〇一二『南方熊楠大事典』勉誠出版

著者紹介

伊藤　慎吾（いとう　しんご）
国際日本文化研究センター客員准教授。
主要著書：『擬人化と異類合戦の文芸史』（三弥井書店）、『「もしも？」の図鑑　ドラゴンの飼い方』（実業之日本社）、『〈生ける屍〉の表象文化史―死霊・骸骨・ゾンビ』（共著、青土社）他。

飯倉義之（いいくら　よしゆき）
國學院大學文学部准教授。
主要論著：『怪異を魅せる（怪異の時空２）』（編著、青弓社）、『47都道府県・妖怪伝承百科』（共編著、丸善出版）他。

広川英一郎（ひろかわ　えいいちろう）
南方熊楠研究会会員。
主要論著：「世間話と目撃体験―蛇が蛸に変わる話―」（『世間話研究18』）、「南方熊楠顕彰館蔵、南方熊楠・岡茂雄往復書簡資料について」（共著）（『熊楠研究』９～10）。

怪人熊楠、妖怪を語る

2019年８月30日　初版発行

定価はカバーに表示してあります。

発行者　吉田敬弥
発行所　株式会社 三弥井書店
〒108－0073東京都港区三田３－２－39
電話 03－3452－8069
振替00190－8－21125

ISBN978-4-8382-3354-0 C0040　　整版・印刷　エーヴィスシステムズ